PISCICULTURE

ET

CULTURE DES EAUX

PAR

P. JOIGNEAUX

PISCICULTURE

ET

CULTURE DES EAUX

MONTEREAU. — IMPRIMERIE DE LÉON ZANOTE.

PISCICULTURE

ET

CULTURE DES EAUX

PAR

P. JOIGNEAUX

PARIS
LIBRAIRIE AGRICOLE DE LA MAISON RUSTIQUE
26, RUE JACOB, 26

1864

PISCICULTURE

ET

CULTURE DES EAUX

DÉFINITION

Si le travail que nous entreprenons devait avoir pour unique but la multiplication et l'élevage des Poissons, le simple titre de Pisciculture, généralement admis, lui conviendrait, sans aucun doute, mieux que tout autre ; mais nous nous proposons d'étudier aussi les Crustacés et les Mollusques, au moins ceux dont la reproduction a besoin de l'intervention de l'homme, et de dire quelques mots, en outre, des Echinodermes et des Sangsues. Or, du moment où nous élargissons le domaine à explorer, où nous touchons aux vieilles limites pour les reporter plus loin, le vieux titre cesse de répondre au plan que nous nous sommes tracé, et il y a nécessité de l'agrandir et de le mettre à la taille du sujet qu'il doit embrasser.

Dans ces derniers temps, on a proposé le mot *Aquiculture;* il a même été adopté par des Sociétés spéciales; mais nous lui trouvons une rudesse de fausse note qui désoblige l'oreille, en même temps que sa prononciation fatigue la langue. Ces deux inconvénients l'empêcheront de faire son chemin parmi les gens du monde, et parmi nos populations de pêcheurs. Si l'art, dont nous allons vous entretenir, n'intéressait que les savants, ce serait une autre affaire ; ceux-là ont été aguerris par les étymologies grecques et latines, et l'expression *Aquiculture* ne serait assurément pas déplacée dans leur vocabulaire habituel, mais il intéresse beaucoup de personnes étrangères à la science, qui nous sauront gré d'adopter un titre nouveau.

Notre livre sur la PISCICULTURE et la CULTURE DES EAUX comprendra : 1° La Pisciculture; 2° la Culture des Crustacés; 3° la Culture des Mollusques marins; 4° Un aperçu sur les Échinodermes; 5° la culture des Sangsues; 6° l'Emploi des produits; 7° les Lois et Réglements sur la pêche.

PREMIÈRE PARTIE

PISCICULTURE

CHAPITRE PREMIER

POISSONS D'EAU DOUCE

La Pisciculture, qui n'est qu'une branche, mais une branche très-importante de la culture des eaux, a pour objet l'art de multiplier et d'élever les poissons qui vivent dans les eaux douces, les eaux saumâtres et les eaux salées. Nous avons donc affaire à deux catégories de poissons. Nous commençons naturellement par celle des poissons d'eau douce.

Nomenclature et monographies. — Tout d'abord, il s'agit de faire connaissance avec les animaux que nous nous proposons de multiplier, d'élever et de consommer. Nous devons les décrire rapidement et en étudier les mœurs; c'est chose entendue; mais, pour cela, quel ordre suivrons-nous? L'ordre scientifique a certainement son mérite, mais il a aussi des exigences qui dépassent nos forces et le but modeste que nous voulons atteindre. L'ordre d'importance est subordonné aux localités et aux usages des consommateurs; par conséquent, il est impossible de l'établir d'une manière satisfaisante; l'ordre de qualité est subordonné, de son côté, au goût des consommateurs; par conséquent, il n'y faut pas songer non plus. Le plus sage est de s'en tenir à l'ordre alphabétique; au moins celui-là ne sera contesté par personne. Nous examinerons successivement l'Able, l'Anguille, le Barbeau, la Brême, le Brochet, le Carassin, la Carpe, le Chabot, le Chevaine, la Cobite, le Gardon, le Goujon, la Gremille ou Perche goujonnière, la Lamproie, la Lotte, l'Ombre, la Perche, la Tanche, la Truite commune et la Truite saumonnée.

Able. — Ce poisson constitue un genre dans la famille des Cyprinoïdes, ce qui revient à dire qu'il est assez proche parent des Carpes. Parmi les espèces d'Ables, nous connaissons : 1° l'*Ablette* ou *Ablet* (*Leuciscus alburnus* de Cuvier et Valenciennes); 2° l'*Able-Eperlan* de Seine (*Leuciscus bipunctatus*); 3° l'*Able-Vandoise* (*Leuciscus vulgaris*); 4° l'*Able-Rosse* (*Leuciscus rutilus*) (Voy. Gardon); 5° l'*Able-Chevaine* (*Leuciscus dobula*) (Voy. Chevaine).

L'Ablette, grav. 1, qu'on désigne aussi sous les noms de *Borde* et d'*Ovelle*, dans certaines localités, n'a guère plus de 15 à 20 centimètres de longueur. Ses écailles minces tiennent à peine à la peau; elles sont argentées sur les côtés, le ventre et les joues, tandis qu'au sommet de la tête et sur le dos elles sont d'un bleu verdâtre plus ou moins foncé. Son peu d'importance nous dispense naturellement d'une description plus étendue. Les poissons voraces en sont très-friands, mais les gens qui savent manger ne la recherchent point; cependant, à défaut de Goujons et de Loches, on peut, à la rigueur, en automne, les admettre dans la friture. C'est, du moins, l'avis de nos pêcheurs à la ligne. L'Ablette est commune en Europe; elle abonde dans la Seine, la Moselle, la Somme, l'Allier, etc., et,

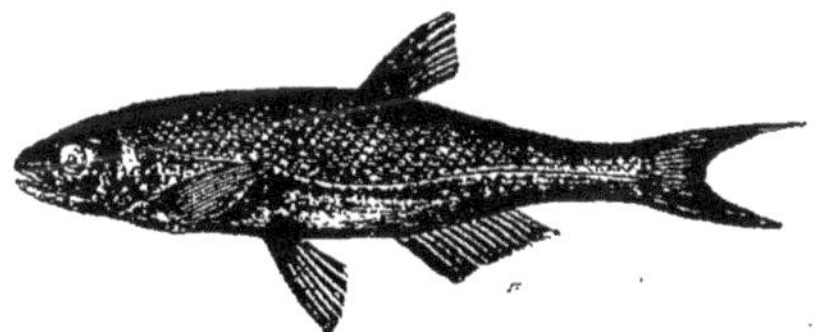

Grav. 1. — Ablette.

non contente de parcourir les fleuves et les rivières, on la rencontre souvent loin des embouchures, dans les eaux de la mer Baltique. Elle affectionne les courants rapides, à fond sableux ou graveleux, et, comme la Carpe, elle fraye en mai et juin. Autrefois, on recherchait l'Ablette à cause de la matière argentée qui se trouve à la base de ses écailles, et qui sert à la fabrication des fausses perles; aujourd'hui, on la recherche encore pour cela, mais beaucoup moins. Il suffit de laver les écailles de ce petit poisson, pour que la substance argentée ou nacrée en question s'en détache. On la conserve dans l'ammoniaque liquide jusqu'au moment de l'employer.

L'Able-Jesse, que l'on rencontre surtout en Allemagne et chez nous, dans la Somme et les affluents de l'Escaut, dit-on, atteint en longueur une dimension double au moins de celle de l'Ablette. Sa chair, souvent jaunâtre, est peu délicate, et passe pour n'être point d'une digestion facile. L'Able-Jesse a le dos d'un vert foncé, les flancs verdâtres et argentés, et le ventre tout-à-fait blanc. A première vue, cet Able pourrait être confondu avec le Gardon (*Cyprinus, seu leuciscus rutilus)*, mais on remarquera que celui-ci a les écailles plus larges, et, par conséquent, moins nombreuses que l'Able-Jesse. Il fraye en avril.

L'Able-Eperlan ou Eperlan bâtard, qui est très-commun dans la Seine, la Loire et les rivières qui se jettent dans l'une et dans l'autre, est très-petit et vaut peu sous tous les rapports. Il a, selon les termes d'une description très-exacte de M. C. Millet « le ventre brillant d'un bel éclat argenté, le dos rouge verdâtre, mêlé de bleu d'acier; une ligne latérale large, un peu verdâtre, et formée de deux séries de petits points noirs. »

L'Able-Vandoise, grav. 2, est la *Vandoise* des Parisiens. Il est commun dans nos grandes rivières, et, à l'époque de la fraie, on le rencontre aussi par troupes considérables dans les rivières moins importantes et à fond de gravier. C'est là, comme tous les Ables, d'ailleurs, que la Vandoise dépose ses œufs. On lui donne, selon les localités, ainsi qu'au Chevaine, les noms de *Suifre,* de *Soëfre,* de *Hôtie,* de *Chiffe,* de *Sophie,* etc. Ce poisson ne dépasse guère en longueur 25 centimètres; ceux de 32 à 35 centimètres sont des exceptions. M. C. Millet le décrit de la manière suivante dans l'*Encyclopédie pratique de l'Agriculteur :* « Dos et ventre arrondis, flancs un peu aplatis, tête petite, triangulaire, à museau terminé en pointe mousse; œil assez grand, écailles petites. Dos gris verdâtre, à reflets de bleu d'acier; flancs verdâtres, avec très-beau reflet d'argent, ventre argenté brillant. » Tout le monde assurément reconnaîtra la Vandoise à ce signalement. Il a beaucoup de rapports, il est vrai, avec celui du Chevaine (Chavogne des Bourguignons),

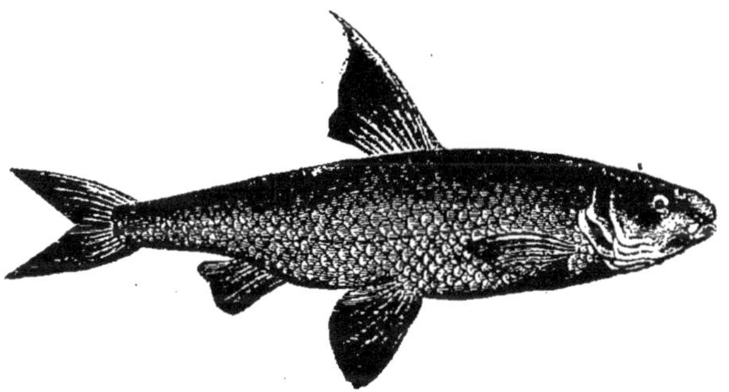

Grav. 2. — Able-Vandoise.

mais la tête de celui-ci n'est, à beaucoup près, ni aussi petite, ni d'un éclat argenté aussi vif que celle de la Vandoise. Ce poisson multiplie considérablement et facilement; il est de bonne qualité, seulement, on lui reproche d'avoir trop d'arêtes, et d'abuser ainsi de la patience des gens en appétit. Il vit d'insectes, de viande et de matières végétales.

Anguille. — L'Anguille appartient à la famille des Anguilliformes, de Cuvier. Nous ne ferons pas l'histoire de ce poisson si recherché des peuples anciens; elle occuperait trop de place et ne nous serait d'aucune utilité. Il ne nous paraît pas non plus nécessaire de lui consacrer une description, même rapide, car l'Anguille est connue de tout le monde, et le portrait que nous pourrions en tracer, n'apprendrait rien à personne. Celui que nous donne la gravure 3 suffit d'ailleurs largement aux exigences de notre sujet. Bornons-nous à constater qu'il existe plusieurs variétés d'Anguilles. Lacépède en comptait cinq : 1° l'*Acérine,* que nous ne connaissons point, et qui se trouve dans les marais, du côté de Venise; 2° celle qu'on pêche dans la Seine, et qui en remonte le cours avec les Éperlans, au moment des fortes marées; 3° le *Pimperneau,* qui se rencontre également dans la Seine, mais qui diffère de la précédente par la petitesse et l'allongement de sa tête, et, aussi par sa couleur brune; 4° le *Guiseau,* qui ne s'éloigne pas de l'embouchure du fleuve, dont la tête est courte et assez large, et dont la couleur varie du noir au brun, au gris noirâtre ou rousseâtre; 5° l'*Anguille-Chien,*

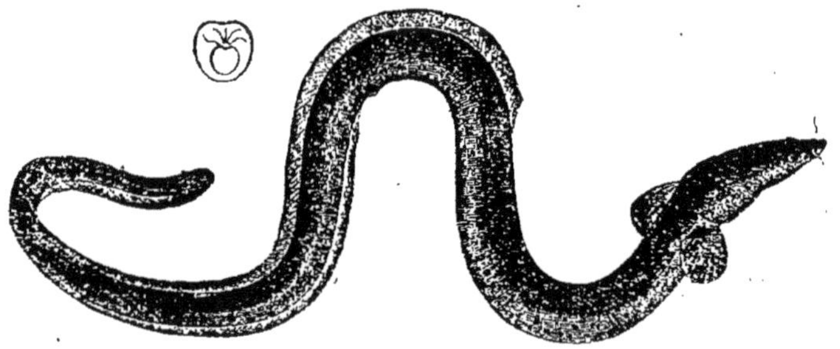

Grav. 3. — Anguille.

à tête longue et large, la plus laide de toutes, et la moins bonne à manger. Nous préférons à cette classification celle que certains pêcheurs ont établie d'après la couleur dominante du poisson. Ils reconnaissent trois variétés d'Anguilles : 1° l'*Anguille noire,* qui habite ordinairement les fonds vaseux, et dont la peau épaisse annonce une chair de qualité inférieure; 2° l'*Anguille jaune* ou *verte,* du *printemps,* ou *coureuse,* qui est l'*Anguille moyen-bec* de Yarrett, dont la couleur vert-olive sur le dos, passe au vert clair, puis au bleu jaune sous le ventre, Anguille de bonne qualité, courant le jour parmi les herbes, afin de s'y nourrir, et se distinguant ainsi des autres races qui ne sortent guère que la nuit; 3° l'*Anguille blonde,* à peau très-fine, à chair très-délicate, et la plus estimée entre toutes. On nomme encore cette dernière *Anguille congre.*

L'Anguille n'est pas difficile sur la nature des eaux. On la trouve, sur le littoral, dans les eaux salées, dans les eaux douces et rapides des fleuves ou des rivières, comme dans les eaux douces et calmes des lacs et des étangs. Elle se plait dans les climats tempérés; elle redoute ceux du nord. Elle a besoin d'ombre, d'excavations, de pierres ou de limon, afin de s'y cacher. A l'exception de la *coureuse,* qui se promène pendant le jour au milieu des herbes, et, vraisemblablement encore, quand ces herbes sont bien fourrées, les autres ne bougent guère et ne quittent guère leurs retraites que la nuit, alors surtout qu'elle est profondément ténébreuse, que la lune ne se montre pas trop, et, de préférence, au moment d'un orage. Toutefois, les Anguilles, sans exception, se promènent le jour en eau trouble. M. Coste, en parlant de l'élevage et de la pêche des Anguilles dans la lagune de Comacchio, dit, à propos de ce poisson : « Les nuits sombres et pluvieuses, durant lesquelles les vents glacés du nord soufflent avec violence et soulèvent les flots de la mer et ceux de la lagune, sont les plus propices. Les habitants de la colonie les attendent, comme les agriculteurs le soleil radieux qui doit mûrir les fruits de la terre. Ils prennent sans doute ces bouleversements de la nature, pour une manifestation de la souveraine harmonie, puisqu'ils les désignent sous le nom d'ordre (*ordine*), et, quand la tempête fait voler en éclats les toits de leurs demeures, ils s'écrient avec satisfaction : *ordine! ordine!* comme d'autres diraient : « La belle journée! »

La vie de l'Anguille est encore pleine de mystères; on ne sait pas distinguer le mâle de la femelle; on ne sait ni comment elle se reproduit, ni l'âge qu'elle peut atteindre. On n'a jamais vu de frai d'Anguille, jamais de nid; l'éclosion a-t-elle lieu en dehors, a-t-elle lieu en dedans? On l'ignore; seulement, on suppose que les petites Anguilles naissent dans la mer, et la supposition doit être fondée, car, jusqu'ici on n'a encore observé ces petites Anguilles qu'à l'embouchure des fleuves. A de longues distances, dans l'intérieur des terres, on n'en trouve point; l'alevin n'y existe pas; on n'y pêche que des sujets de 50 centimètres à 1 mètre, 1m.50, et, quelquefois plus. Tout près de la mer, à l'embouchure des fleuves ou des rivières, c'est différent. C'est de là que vient l'alevin, et qu'il remonte les courants pour se disperser sur tous les points du pays, jusque dans les rivières les plus inconnues et les ruisseaux les plus modestes. A plus de cent lieues des côtes, nous pêchons de superbes Anguilles. Pour ce qui est de l'âge auquel elles peuvent atteindre, nous ne le soupçonnons pas. On a parlé de vingt-cinq ans au moins, en toute assurance; d'aucuns ont soutenu qu'il y en avait de centenaires, mais rien ne le prouve; il n'est venu à l'esprit de personne de faire, pour l'Anguille, ce que Barberousse fit en Allemagne pour le Brochet; on n'en découvre pas avec des anneaux de cuivre doré. Il n'y a pas eu de châtelaine, au siècle dernier, qui ait songé à mettre des pendants d'oreilles aux Anguilles de ses viviers, comme faisait jadis Antonia, la fille de Drusus, avec ses Murènes, qu'elle affectionnait tant.

On assure que les Anguilles sont amphibies, et, qu'à la faveur de la nuit, et par un temps humide, elles vont d'un lieu à un autre, à la manière des couleuvres. On ajoute qu'elles ne vivent pas uniquement de petits poissons, de vers et d'insectes, mais qu'elles visitent par moments les potagers du voisinage pour y manger des pois verts et des fèves. Nous voulons bien le croire; cependant, notre confiance en ces dires n'est pas absolue. On a de la peine à comprendre que des Anguilles aient été vues à la maraude, et surprises en flagrant délit parmi des planches de légumes, surtout en pleine nuit. Quant à la possibilité de l'excursion hors de l'eau, nous l'admettons sans difficulté, car nous avons vu une Anguille sortir d'un long bassin de pierre, se laisser tomber d'une hauteur de 60 à

70 centimètres, ramper à une distance de 8 à 10 mètres environ, et s'arrêter sur le fumier de la cour de ferme. C'était en plein jour, et le parcours était défavorable. On peut donc admettre, qu'à la faveur des ténèbres, et dans de meilleures conditions, ce poisson de nuit aurait pu aller plus loin.

De ce qui précède, il résulte pour nous : 1° Que nous n'avons, jusqu'ici, rien à voir dans la reproduction de l'Anguille; 2° Qu'on n'est pas toujours sûr de retrouver les Anguilles dans les rivières où on les a vûes, pas plus que dans les pièces d'eau, étangs, bassins et viviers où on les a mises.

Le premier point n'est pas un inconvénient. Il vaut mieux que les Anguilles se reproduisent toutes seules que de passer par nos mains. C'est plus économique. La quantité d'alevin ou de *montée*, comme l'on dit, qui émigre des eaux salées pour gagner les eaux douces, est si considérable, qu'on le vend à la mesure et à très-bas prix. On peut donc en acheter à ce moment-là et en jeter dans les étangs où il y a excès de fretin. L'Anguille, tout aussi vorace que le Brochet, se charge de réduire ce fretin, même lorsqu'elle est très-petite encore, et n'a pas, lorsqu'elle est devenue forte, la hardiesse de s'attaquer au gros poisson. C'est ce qui constitue son avantage sur le Brochet qui ne respecte rien, pas même sa progéniture. Quant au second point, c'est-à-dire, si l'on tient à ce que les Anguilles ne s'en aillent pas des pièces d'eau, soit en perçant les chaussées d'étangs, comme on l'assure, soit par des moyens plus faciles, le mieux pour les conserver sûrement, est de les mettre dans des réservoirs entourés de murs, à la façon de certains viviers, des fossés de châteaux, et, aussi, des fossés de villes fortes.

L'Anguille, placée dans des eaux à sa convenance, grandit vite, et arrive, en peu d'années, à peser 2 ou 3 kilog.

A Nantes, on donne le nom de *Civelles* aux petites Anguilles qui remontent de la mer dans la Loire par quantités considérables, toujours sur le bord du fleuve, pas même à un mètre de la rive, par conséquent jamais en plein courant. Ces petites Anguilles sont de couleur verdâtre clair, et deviennent très-blanches à la cuisson. On les roule à la manière du vermicelle, par faisceaux de 40 à 50 à peu près, et on les vend à bas prix. A la Rochelle, ces jeunes Anguilles sont appelées *Pibales*, du nom vulgaire de *Pibau*, donné dans le pays à une espèce d'Anguille. Néanmoins, le public ne croit pas que les Civelles ou Pibales soient les jeunes de ce poisson. Quant à donner des raisons, il s'en dispense.

Un voyageur nous assurait, dernièrement, avoir trouvé des Civelles en abondance, dans un cloaque des environs de Nantes, où les inondations ne pouvaient les transporter, et, il ajoutait qu'elles s'attachent aux cadavres comme les Lamproies. Nous ne garantissons point l'exactitude de ces renseignements, nous nous bornons à les enregistrer.

Barbeau. — C'est le type d'un genre de la famille des Cyprinoïdes. Le Barbeau commun, grav. 4, le seul qui nous intéresse à cette heure, est désigné par les savants, tantôt sous le nom de *Cyprinus barbus*, tantôt sous celui de *Barbus fluviatilis*. On le connaît vulgairement sous les appellations de *Barbillon*,

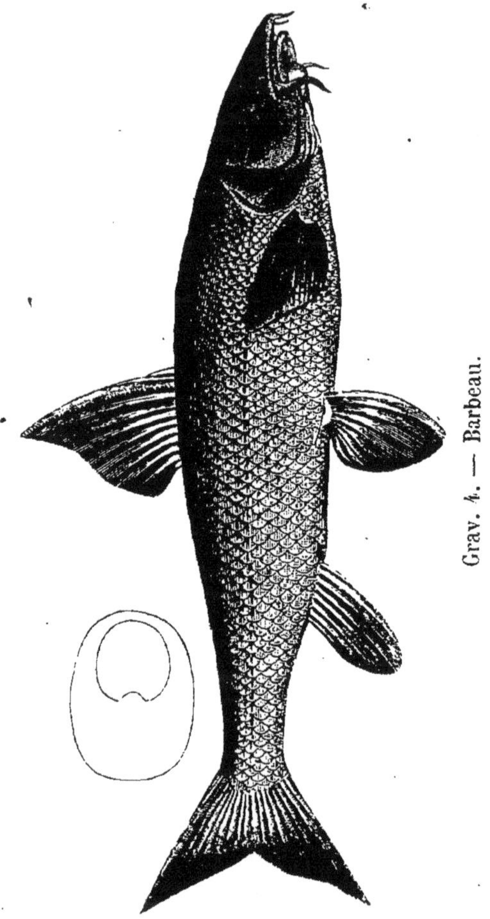

Grav. 4. — Barbeau.

Barbiaux, *Barblaux* et *Barbet*, à cause des quatre filaments ou barbillons qu'il porte, moitié au bout du museau, moitié aux angles de la mâchoire supérieure. Son corps, plus allongé et moins déprimé que celui de la Carpe, s'arrondit un peu, à la façon de celui du Brochet. Il est ordinairement olivâtre en-dessus et bleuâtre sur les côtés. Les nageoires sont d'un rougeâtre orangé; la queue, qui a cette couleur à la base, est fourchue et bordée de noir. La tête est oblongue, et la mâchoire supérieure avance beaucoup sur l'inférieure. Le plus communément, il a 50 centimètres de longueur, mais il peut atteindre 1 mètre et davantage.

Le Barbeau craint les grands froids et les chaleurs intenses; aussi, affectionne-t-il les climats tempérés, et le rencontre-t-on dans la plupart des cours d'eau de la France, de la Belgique, de l'Angleterre, de la Hollande, etc. Au nord de la Prusse il disparaît. C'est un poisson très-vorace; il se nourrit de petits poissons, de coquillages, de vers, d'insectes, de cadavres d'animaux noyés ou jetés à l'eau, de détritus végétaux.

Le Barbeau fraye au milieu du printemps (mai-juin), sur le fond caillouteux des rivières, dans les endroits où le courant est le plus rapide. Voilà une particularité qu'il ne faut point perdre de vue. Il est évident, après cela, que si, disposant de cours d'eau à fond caillouteux, nous tenions à y favoriser la multiplication du Barbeau, le mieux serait de placer en plein courant, et de distance en distance, de petits tas de pierres cassées ou de pierrailles ordinaires, qu'on nivellerait et *sarclerait*, pour ainsi dire, avec un râteau à dents de fer, comme le conseille M. Millet, à l'approche de la ponte, afin d'approprier la couche pour la fraie, et, peut-être aussi, de prévenir la végétation de certaines plantes cryptogamiques très-défavorables aux œufs. Rien n'empêcherait de multiplier le Barbeau dans les étangs par le même procédé, mais il faut remarquer que si la chair de ce poisson est assez ferme et de bonne qualité dans les eaux claires et courantes, surtout quand le Barbeau n'est plus jeune, elle devient molle et fade dans les eaux dormantes et vaseuses.

On assure qu'une femelle de Barbeau pond jusqu'à huit mille œufs, qui sont gluants et se collent bien aux cailloux. Nous ajouterons, en terminant, que ces œufs possèdent, de temps immémorial, une fâcheuse réputation, celle d'être vénéneux, au moins à l'approche de la fraie, et de provoquer des vomissements. Quelques médecins maintiennent cette réputation, d'autres la combattent, et, dans le doute, il nous paraît sage de s'abstenir, et d'écarter ces œufs quand on mange du Barbeau.

Brême. — La Brême commune, grav. 5 (*Cyprinus Brama*), appartient au genre Able, et à la famille des Cyprinoïdes, par conséquent. M. Millet en donne la description suivante dans l'*Encyclopédie pratique de l'Agriculteur* : « Le corps de ce poisson est plus aplati que celui de la carpe ; il est allongé et en ovale ; tête petite et courte ; museau gros et obtus ; iris argenté ; lèvres jaunes en dedans ; langue très-petite ; écailles grandes et régulières. La couleur est variable, selon les eaux ; en général, le dos présente des teintes vertes, plus ou moins foncées, sur un fond argenté très-brillant avec reflets dorés ou irisés. Les nageoires sont, en général, blanchâtres; la *dorsale* s'élève à la moitié de la longueur ; les *pectorales* sont triangulaires, et aussi larges que longues;

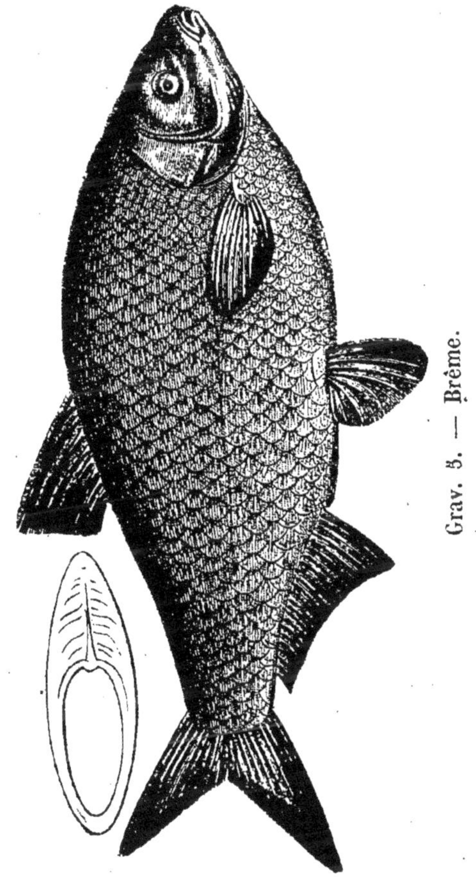

Grav. 5. — Brême.

les *ventrales* sont aussi triangulaires, mais plus courtes; l'*anale* affecte une teinte noirâtre; la *caudale* est fourchue, à lobes larges et pointus. »

On rencontre la Brême dans la plupart des lacs,

fleuves et rivières de l'Europe, en Angleterre, en Suisse, en Hongrie, en Suède et en Norwége. Son poids habituel varie entre 1 et 2 kilogr.; cependant par exception, on en a trouvé de 10 kilog. dans les lacs. M. Millet rapporte qu'au mois de janvier 1853, il en a vu prendre une à Paris, dans la Seine, qui pesait 5 kilog., et mesurait 0m.58 de longueur sur 0m.20 de largeur.

La Brême multiplie abondamment, et, c'est fort heureux, car les pêcheurs en détruisent des quantités prodigieuses. En mars 1749, on en prit d'un seul coup de filet, dans un grand lac de la Suède, 50,000 qui pesaient plus de 1,000 kilog. On en a vu prendre 3,000, d'un coup de filet, dans le lac de Zurich; c'est moins fort, sans doute, mais ce n'est pas non plus une prise ordinaire.

La Brême pond en avril et mai, sur les bords tranquilles et herbeux, des œufs qui adhèrent aux tiges et aux feuilles des végétaux.

Dans les cours d'eau, la Brême recherche les creux, les cavités, les parties minées, le dessous des vieilles souches d'arbres. Elle se nourrit plutôt de matières végétales en décomposition que de matières animales. Sa chair blanche ne manque pas d'une certaine délicatesse, pourvu toutefois que le poisson ne soit pas très-gros, et qu'il n'ait pas été pris dans des eaux dormantes. Sa qualité est en raison de la vivacité et du renouvellement des eaux où elle a vécu. Cependant, elle préfère un courant faible à des eaux rapides. Les meilleures Brêmes sont celles d'un volume moyen; quand elles sont petites, on les dédaigne, parce qu'elles ont trop d'arêtes et pas assez de chair.

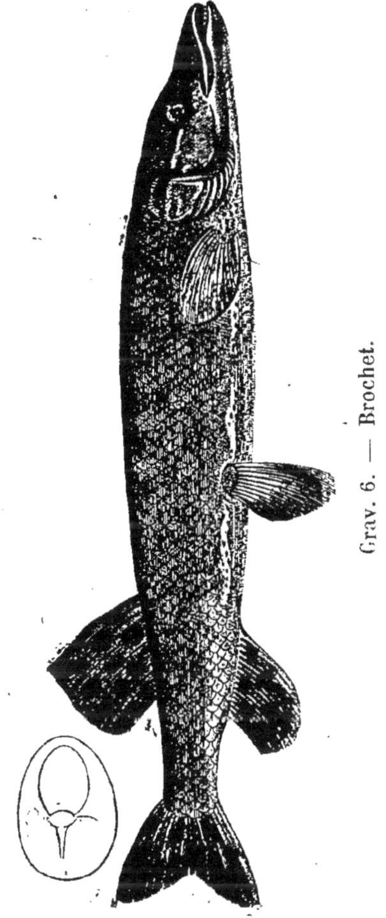

Grav. 6. — Brochet.

Brochet.— C'est l'*Esox Lucius* des savants, grav. 6; il est de la famille des Esoces ou Lucioïdes.

Un de nos bons amis, qui n'est plus, Ch. Curnier, nous adressa un jour, au milieu de considérations intéressantes sur la pêche, un portrait du Brochet fait de main de maître. Ce portrait n'est pas perdu; le voici : « Le Brochet, ce roi et ce tyran des eaux douces, qui, par son audace et son insatiable avidité, a mérité le nom de *Requin des rivières,* est, du reste un des poissons les plus maternellement dotés par la nature : armes nombreuses et terribles, puissance musculaire très-grande, agilité sans égale, proportions agréables, couleurs riches et variées, avec tout cela vivant aussi longtemps qu'un patriarche; voilà, pour la forme et pour le fond, tout ce que la nature a fait pour lui; attaquant tous les autres, attaqué par aucun, doué avec cela d'un appétit dévorant, d'une férocité sans discernement, qui le porte à manger ses propres enfants, sans doute afin de leur conserver leur père.

« Comme le tigre, sa vie se passe à poursuivre sa proie; tout lui est bon; il se nourrit indistinctement de toute chair; toutefois, celle qu'il préfère est la chair vivante, et, ce n'est que lorsqu'il ne trouve pas autre chose, qu'il se résigne à manger des animaux morts. Il chasse ouvertement; lorsqu'il se trouve dans des parages abondants en poissons, il flâne alors littéralement au milieu de ses sujets effrayés, qui ne peuvent éviter ses terribles approches, happant l'un, mordant l'autre, prenant d'abord les plus gras, laissant les maigres devenir à point. Tous y passeront. Ce n'est qu'une affaire de temps et de peu de temps. On a des exemples nombreux d'étangs bien empoissonnés, où des Brochets, même en petit nombre, se sont rencontrés, totalement détruits dans moins de quatre ou cinq années. Le plus souvent, il ne se donne pas même la peine de mâcher, et il nous a été donné souvent de trouver des poissons entièrement intacts dans le ventre de certains Brochets. Inquiet et toujours en éveil, il est fort difficile à prendre, et, malgré sa voracité, il ne mord que difficilement à l'hameçon. Son ouïe est très-fine ; son œil, froid comme celui d'un serpent, distingue de loin sa proie ou les piéges qu'on lui tend.

« La saison des amours, qui vient pour lui vers la fin de février, et dure trois ou quatre mois, peut seule modérer ses instincts de férocité et de conservation. Les mâles brillent alors d'un éclat phosphorescent, et on les voit attirés par de mystérieuses effluves, accourir de loin, avec la rapidité d'une flèche, pour répandre leur laitance sur les œufs que la femelle vient de poser sur les bords de la rivière ou dans quelque crique, et toujours dans un endroit peu profond, afin que la couche d'eau qui les recouvre, puisse être plus facilement perméable aux rayons du soleil. Ils sont dans ce temps, comme je le disais, moins ardents à la chasse, et plus faciles à prendre.

« Leurs évolutions, leurs ruses, leur patience, lorsqu'ils chassent à l'affût, offrent à l'observateur un très-vif intérêt. C'est toujours par la tête qu'ils attaquent et avalent les poissons. Un seul, la Perche, est respecté par eux, à cause des dards qui hérissent sa nageoire dorsale, et qui blessent le Brochet, lui font abandonner ce poisson, qu'il ne poursuit qu'en cas d'extrême nécessité.

« Ses dents sont innombrables; elles garnissent ses mâchoires, sa langue, son palais; elles sont fines et acérées, et celles du palais et de la langue sont inclinées en dedans, afin de mieux retenir la proie. Les unes sont fixes et plantées dans leurs alvéoles; les autres, insérées seulement dans la peau, ont un mouvement de va et vient.

« Les anciens, ne pouvant supposer que ce monstre de cruauté n'eût que des instincts féroces, avaient imaginé que, destructeur de toutes les autres espèces, il entretenait avec la Tanche un commerce d'amitié vive et soutenue. « *Tincam enim a lucio devorari necdum observavi* : « Je n'ai jamais vu de Brochet dévorer des Tanches, dit Aldrovande. On donnait pour raison, à cette exception, que le Brochet blessé se frotte contre les Tanches, et que la viscosité qui lubréfie la peau de celles-ci, guérissait, en les agglutinant, les blessures que les Brochets avaient reçues. — Il n'est pas besoin de dire que c'est là une fable, dont des observations plus exactes ont fait justice. Nous ajouterons que, dans un étang empoissonné en Carpes et en Tanches, comme c'est l'ordinaire, l'une et l'autre espèce disparaissent quand le Brochet y est abondant.

« Nous avons dit que le Brochet vit très-longtemps; tous les auteurs s'accordent sur ce point, et des exemples de longévité arrivant jusqu'à deux cent-vingt ans, sont cités partout. Ce poisson atteint assez rapidement une longueur de deux ou trois pieds, mais, ensuite, son accroissement se fait très-lentement. »

Nous n'ajouterons que quelques mots aux intéressants passages qu'on vient de lire.

Le Brochet qui a fait un splendide repas de fretin ou de n'importe quoi, digère péniblement, à la manière du Boa, et n'a pas même la prudence de la Perche qui, en pareil cas, va dormir au milieu des herbes. Il dort, lui, où il se trouve, parfois presque à la surface de l'eau, au risque de s'y faire prendre.

M. de Massas, d'après ses propres observations, et celles de beaucoup d'éleveurs de Brochets, prétend qu'à l'âge de huit ou dix ans, ce poisson devient aveugle, dépérit et meurt, ce qui ne s'accorde guère avec l'opinion des naturalistes.

La femelle du Brochet pond ses œufs parmi les petites herbes, auxquelles ils se collent très-bien. L'éclosion est rapide. Ce sont là deux particularités essentielles à connaître en pisciculture.

Pour ce qui est de l'âge auquel les Brochets peuvent atteindre, on s'appuie sur l'anecdote suivante, afin de le fixer approximativement : « En 1494, selon les uns, ou en 1497, selon les autres, — trois années de plus ou de moins ne font rien à l'affaire, — on pêcha à Kaiserslautern, dans le Palatinat, un Brochet qui avait plus de 6 mètres de longueur, et qui pesait plus de 180 kilog. Il avait vécu près de trois siècles, car il portait un anneau de cuivre doré attaché sous le règne de Frédéric Barberousse. »

Quelle longueur et quel poids ! Aujourd'hui, quand il nous arrive d'en pêcher de 2 mètres et de 12 kilog., nous redressons fièrement la tête, et ne nous sentons plus d'aise. Quant à ce qu'ils ont dépensé en nourriture pour arriver à ce poids, soyons discret, silence là-dessus. Si on le savait, on n'oserait peut-être plus élever de Brochets, ce qui serait regrettable après tout, attendu que leur chair, ferme et blanche, est des plus agréables, sans qu'il soit besoin de les châtrer pour mieux les engraisser, comme font certains gourmets en Angleterre.

Carassin. — Ce poisson, de la famille des Cyprinoïdes, est le *Cyprinus Carassius* des savants, et la *Carpe à la lune* des pêcheurs de quelques contrées. Il est moins gros que la Carpe commune, moins estimé, plus lent à se développer, mais aussi plus facile à élever, et demande moins d'eau. Il est très-fécond et fraye, comme la Carpe, vers le milieu du printemps. Le Carassin convient aux étangs vaseux, aux étangs à Sangsues et aux mares.

Carpe. — La Carpe commune ou vulgaire (*Cyprinus Carpio*), forme la première division du genre Cyprin pour les savants, et la base des matelotes irréprochables pour les connaisseurs, savants ou non. On assure qu'elle est originaire de l'Asie, et, qu'en 1514, elle fut transportée de là en Angleterre, par Pierre Marschall; en 1560, en Danemarck, par P. Oxe, et, un peu plus tard, en Hollande. Ce qu'il y a de clair, après cela, c'est que nos aïeux du commencement du seizième siècle ne mangeaient pas de Carpes.

Ce poisson, grav. 7, que nous connaissons tous aujourd'hui, a la tête grosse et courte, la bouche petite, les lèvres épaisses et charnues, pas de dents, quatre barbillons à la mâchoire supérieure, les yeux moyens, le corps un peu aplati latéralement, ordinairement ovale et allongé, et le dos arqué plus ou moins de temps en temps, ce qui est un bon signe. La Carpe

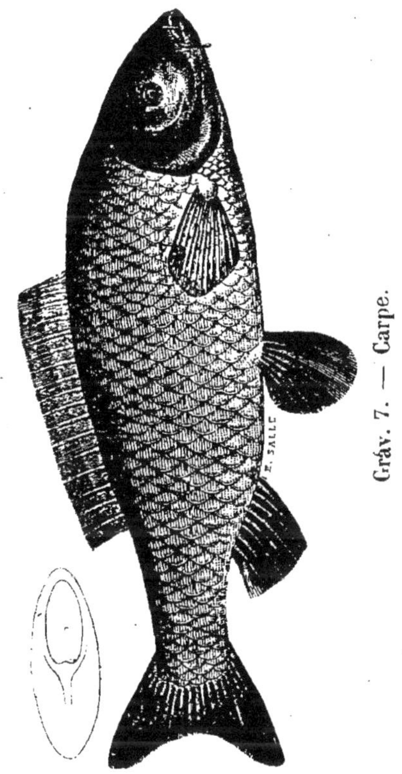

Grav. 7. — Carpe.

est d'un brun verdâtre doré en-dessus, et d'un blanc jaunâtre en-dessous. Quand elle est grasse, l'étendue de la partie jaune augmente et devient plus brillante; quand elle est maigre, la couleur brune se fonce sur le dos et s'étend vers les flancs et le ventre. Son signalement ne varie pas seulement avec la nature riche ou pauvre des eaux qu'elle habite, il varie aussi avec l'âge; et puis, les croisements interviennent et modifient les caractères lorsqu'on s'y attend le moins. C'est ce que nous verrons tout à l'heure.

La Carpe ne peut pas naître dans une eau qui marque moins de dix-huit degrés centigrades, et plus de vingt-cinq. C'est pour cela que la fraie ne réussit pas dans la plupart des eaux vives des rivières. L'eau qu'on lui donnera, néanmoins, devra être suffisamment fraîche et fréquemment renouvelée. Elle se plaît dans les pièces d'eau à découvert, en pleine campagne, et ne paraît pas affectionner les étangs de forêts. Faut-il s'en prendre à la situation ombragée ou à la nature des eaux? Nous penchons vers cette seconde version. La Carpe aime les fonds vaseux et les rives couvertes d'herbes, notamment de fétuque flottante. En d'autres temps, on a cru qu'elle se nourrissait de limon, tandis qu'en réalité, elle se contente d'y barbotter pour y découvrir une nourriture végétale et animale. Elle vit d'herbe, de frai d'autres espèces, d'insectes aquatiques et d'insectes terrestres qu'elle guette et happe dans l'air par un saut qui porte son nom et qui a eu l'honneur d'être imité par les baladins. M. Charles de Massas donne une autre raison au saut de carpe ainsi qu'on va le voir : « Les lieux qu'elle préfère, écrit-il, sont des fonds vaseux; elle se plaît près des roseaux, des estacades, des digues élevées auprès des ponts, à la condition, pourtant, que l'eau y soit tranquille, et que, de loin en loin, il s'y trouve des cavités. La jeune Carpe souvent voyage, la grosse Carpe choisit un gîte et s'en écarte peu. Quelquefois on la voit bondir sur l'eau, mais ce n'est pas pour y prendre des insectes. D'autres poissons de fond, le Barbeau surtout, l'imitent en ce point. Quand il fait chaud, nous nous baignons dans la rivière; le poisson, lui, se plaît à se baigner dans l'air. »

Cette explication nous satisfait d'autant moins, que nous avons vu les Carpes choisir, pour sauter, le moment où, à l'approche des temps orageux, on remarque des nuées de moucherons au-dessus des étangs.

La Carpe fraye en mai et juin, et remonte à ce moment-là les eaux courantes et profondes, pour trouver quelque part des endroits calmes et moins profonds, où une heure environ avant le coucher du soleil, elle dépose des œufs qui sont gluants et se fixent solidement aux corps qui les reçoivent. La Carpe qui remonte pour frayer, est intrépide et franchit au besoin les obstacles en sautant, pour arriver à son but.

Vogt a trouvé des Carpes dont les œufs pesaient plus que le poisson. On a estimé le nombre des œufs en question à plus de 700,000.

Les faits de longévité ne sont pas rares chez les poissons, et la Carpe ne forme pas exception. Buffon a parlé de celles des fossés de Pontchartrain qui ne comptaient pas moins de 150 ans; Carpes privilégiées, qui n'auraient pas eu la chance d'arriver à cet âge, si elles avaient vécu dans les étangs de la Bresse. Bloch,

Villoughbi et Rondelet parlent de Carpes de 1 mètre et 1 mètre 32, pesant de 45 à 70 livres, qui ne devaient pas être jeunes non plus, s'il est vrai que la Carpe de 42 livres 1/2 vue par M. Chabot, près de Dusseldorf (Prusse), avait une centaine d'années, au dire des gens de l'endroit. En France, les plus grosses, après les Carpes historiques de châteaux, sont celles de Strasbourg et de la Bresse, et elles ne pèsent que de 8 à 10 kilogrammes, ce qui nous semble déjà fort beau. Nous tenons pour très satisfaisantes, à la halle, celles qui ont 40 centimètres de longueur entre tête et queue, et 15 centimètres de hauteur.

Les Carpes sont capables de supporter un long jeûne, et vivent assez longtemps hors de l'eau. On a dit que placées dans un milieu humide (herbes ou linges mouillés), puis dans un filet en lieu frais, les hollandais les engraissent avec de la mie de pain trempée dans du lait. C'est un luxe de gourmandise dont on ne nous a pas fait part pendant notre voyage en Hollande.

Un anglais célèbre, Jethro-Tull, a eu l'idée de soumettre les Carpes à la castration, comme on y soumet les Brochets, toujours en vue de l'engraissement; à cet effet, on leur fend le ventre, on enlève les ovaires ou la laitance, selon le sexe de l'animal, et on recoud.

En hiver, quand les eaux sont glacées, les Carpes n'ont point leurs aises, et il convient de pratiquer de petites ouvertures dans la glace pour qu'elles viennent y respirer le grand air. Nous disons de petites ouvertures, avec intention; si on en faisait de larges, les

Carpes sauteraient hors de la pièce d'eau par ces trous, et périraient immanquablement.

Il n'est pas rare de rencontrer parmi les Carpes, des caractères plus ou moins anormaux, plus ou moins monstrueux, par exemple des Carpes à museau retroussé comme les museaux de Dauphins. Dans le principe, on a voulu y voir des espèces différentes, mais on a fini par n'y plus reconnaitre que des métis, provenant du croisement de la Carpe commune avec des Carassins et des Gibiles ou Gibelles. Ces races croisées atteignent au plus le poids de 2 kilogrammes. On les distingue d'ailleurs à leurs écailles plus petites, mieux soudées à la peau, à des stries longitudinales, à leur tête plus grosse, plus ramassée et privée de barbillons.

La chair des Carpes est un manger délicat et de facile digestion. On recherche surtout la laitance, les œufs et la tête, à cause du palais qui s'y trouve et qu'on appelle vulgairement *langue de Carpe*.

Pour ensemencer un étang dont la contenance ne dépasse pas 8 hectares, on y met de 100 à 150 alevins de Carpe de 16 centimètres de longueur, ou environ 250 grammes d'alevin par hectare d'étang. Au-dessus de 8 hectares, l'étang recevra par hectare de 200 à 250 Carpes qui, au bout de deux ou trois ans, péseront chacune de 1 kil. à 1 kil. 500. Bosc a conseillé d'en mettre de 600 à 1,000. Il n'y a pas de profit à élever des Carpes au-delà de cinq ou six ans.

On trouve dans le Rhin une espèce de Carpe qui se distingue de notre Carpe commune, par un certain nombre d'écailles de la largeur d'une pièce de un franc et plus, et qui font disparate avec les autres. Cette Carpe est recherchée ; ne serait-ce pas la *Carpe à miroir ?*

Chabot de rivière *(Cottus Gobio)*. — C'est un petit poisson de 10 à 12 centimètres de longueur et de couleur brune. Sa tête large, aplatie et tuberculeuse, rappelle un peu celle des têtards de grenouilles; son corps visqueux rappelle un peu celui de la Loche ou Cobite, dont il sera question tout à l'heure. En somme, le Chabot est une fort laide créature, ainsi que l'on peut s'en convaincre par le portrait que nous venons d'en donner ; mais il est peut-être heureux pour lui que cela soit. Sa laideur le protège; nous savons quantité de personnes qui, pour tout au monde, n'en mangeraient pas ; nous en savons beaucoup aussi, qui ne l'acceptent en friture qu'à la condition de le voir décapiter avant de le mettre dans la poële. Cependant, fermons les yeux sur ses désagréments physiques et soyons assez justes pour reconnaitre que c'est un de nos meilleurs petits poissons.

Le Chabot de rivière est assez commun; il se plait surtout dans les rivières fraîches, non loin des sources, sous les chûtes d'eau, parmi les cailloux et le gravier; il s'y cache du mieux qu'il peut, tant pour échapper aux Brochets et aux Perches qui lui font une rude chasse, que pour guetter sa proie qui consiste en très-jeunes poissons, en frai et en insectes aquatiques. Le Chabot est d'une voracité qui ne le cède guère à celle du Brochet.

Tout compte fait, et malgré la qualité de sa chair, le voisinage du Chabot n'est pas rassurant pour les pisciculteurs qui travaillent à la multiplication des espèces recherchées.

Chevaine ou Chevenne (*Cyprinus dobula*). — Cette espèce, de la famille des Cyprinoïdes, grav. 8,

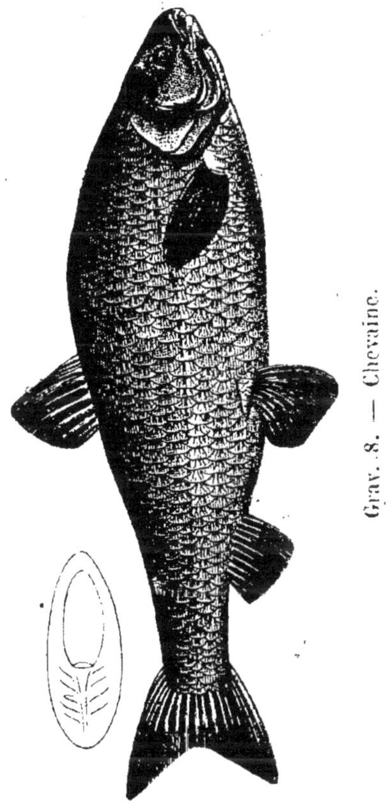

Grav. 8. — Chevaine.

porte aussi les noms de Chevanne, Chevagne, Chavogne (Côte-d'Or), Meunier, Blanc (Haute-Marne), etc.

Elle atteint d'assez fortes dimensions, et sa chair n'est pas à dédaigner. Le Chevaine a la tête carrée, le dos large, d'un brun verdâtre, et le reste du corps est d'une blancheur qui n'a pas l'éclat argenté aussi vif que chez la Vandoise. Le Chevaine fraye en même temps que la Carpe commune; il recherche les eaux de rivières à fond plus ou moins vaseux, qui sont bordées de roseaux et qui présentent des excavations; c'est dans ces conditions du moins, que nous l'avons rencontré le plus souvent.

Grav. 9. — Cobite.

Cobite. — Le poisson de la famille des Cyprinoïdes que Linné appelait Cobite, grav. 9, est celui que nos pêcheurs appelent *Loche*, et que, dans une partie de la Bourgogne on connait sous le nom de *Moutelle*. Il y a plusieurs espèces de Cobites, mais nous n'avons à vous entretenir ici que de la *Loche franche (Cobitis barbatula)*, la seule vraiment digne de notre attention.

La Loche franche a été décrite très-exactement par un de ses admirateurs, dans le Dictionnaire d'histoire naturelle de Guérin. « C'est, y lit-on, un petit poisson de quatre ou cinq pouces, nuagé et pointillé de brun sur un fond jaunâtre, à six barbillons; sa chair est très agréable. On le trouve le plus souvent dans les ruisseaux et dans les petites rivières; il vit de vers et d'insectes aquatiques; il se plait dans les eaux courantes, et paraît éviter celles qui sont tranquilles. Ce poisson préfère les eaux profondes, change rarement de place dans les endroits de la rivière dont le courant est moins fort; il s'y tient comme collé contre le sable ou le gravier, et semble s'y nourrir de ce que l'eau y dépose. Il devient la victime d'un grand nombre de poissons contre lesquels sa potitesse ne lui permet pas de se défendre ; et, malgré cette même petitesse, qui devrait lui faire trouver si facilement un asile impénétrable, il devient la proie des pêcheurs qui le prennent avec le carrelet, la louve et avec la nasse. On le recherche surtout vers la fin de l'automne et pendant le printemps qui est la saison de sa ponte. A ces deux époques, sa chair est si délicate qu'on la préfère à celle de presque tous les poissons d'eau douce. »

Nous n'oserions pas affirmer avec l'auteur des lignes qu'on vient de lire, que la Loche franche préfère les eaux profondes à celles qui ne le sont pas, mais sur tous les autres points, nos observations et appréciations personnelles s'accordent très bien avec les siennes. Nous avons rencontré des Loches dans des trous de rivière où il pouvait y avoir environ un mètre d'eau, et même quand le fond de ces trous était plein de vase; elles se trouvaient là, le plus souvent, en compagnie de Goujons, et parfois de Chevaines que nos paysans de la Côte-d'Or appellent Chavognes et Chavonneaux. Mais nous avons trouvé les Loches franches en bien plus grand nombre dans les parties guéables de la rivière, où la couche d'eau n'avait pas plus de 7 à 8 centimètres d'épaisseur, et à moins d'une demie-lieue de la source. C'est là que poursuivies et se cachant de leur mieux sous de petites pierres, ou sous des touffes d'herbe submergées, nous les cernions avec les deux mains à défaut de filet. C'est là aussi, que nous pratiquions la pêche à la fourchette sur celles qui se tenaient immobiles et comme collées au fond de l'eau sur le gravier.

Nous avons encore rencontré des Loches, mais en petit nombre, dans la province de Luxembourg, toujours dans des rivières sans profondeur, ou dans des fossés à eau courante. Peut-être ne sont-elles rares dans cette contrée que parce que les Truites y sont communes, et que celles-ci doivent naturellement leur faire rude guerre.

Les Loches, quoique petites, méritent certainement d'être multipliées dans toutes les rivières impropres aux gros poissons. Ceux qui s'extasient devant un plat de Goujons frits ne connaissent pas la friture de Loches. Celles-ci sont aux Goujons ce que les Ortolans sont aux Moineaux; c'est un véritable morceau de gourmet que les romains de la décadence ne paraissent pas avoir connu. Dans certains pays, les pêcheurs qui savent bien à quoi s'en tenir là-dessus, ont imaginé un raffinement que voici: Pour rendre encore les Loches plus délicates qu'elles ne le sont, ils conseillent de les plonger soit dans du vin, soit dans du lait, aussitôt qu'on les retire du filet, et de les y laisser jusqu'au moment de les livrer à la poêle.

Mais comment faut-il s'y prendre pour propager et multiplier les Loches franches? Ce n'est pas aussi facile qu'on pourrait le croire, et la difficulté de l'opération consiste surtout dans le transport des reproducteurs d'un point à un autre. Une Loche bien vivante et mise dans une timbale d'eau de rivière, y meurt très-vite, à moins que l'eau ne soit agitée constamment dans le vase, et que la saison ne soit fraîche. Il n'y a donc pas lieu de songer à des transports à de longues distances; ou bien dans ce cas particulier, il conviendrait de procéder par étapes et d'y mettre, sans marchander, le temps nécessaire, comme avec ces plantes qu'on nous envoie des Indes, et qui, avant de nous arriver, font une station aux Iles Canaries ou ailleurs.

Pour ce qui est de la fécondation, il y aura bientôt trente ans que l'on conseillait l'emploi d'une frayère artificielle, dont nos modernes et savants pisciculteurs n'ont pas eu l'occasion de parler, et qui nous semble assez ingénieuse. Un auteur inconnu écrivait alors : « Quand on veut naturaliser les Cobites dans une rivière ou dans un ruisseau, on pratique une fosse dans un endroit qui ait un fond de cailloux, ou qui reçoive l'eau d'une source. On donne à ce trou sept ou huit décimètres de profondeur, vingt-trois de longueur, et onze ou douze de largeur; on le couvre de claies ou de planches percées, qu'on place cependant à une petite distance des côtés du trou; l'intervalle compris entre les claies ou lès planches est rempli de fumier; on laisse deux ouvertures, l'une pour la sortie de l'eau et l'autre pour l'entrée; on revêt ces deux ouvertures d'une plaque de métal percée de plusieurs trous qui laissent échapper l'eau courante, mais on ferme l'entrée de la fosse ou du trou à tout corps étranger nuisible, et à tout animal destructeur. On place dans le fond de la fosse des cailloux, afin de faciliter la ponte et la fécondation des œufs; les Loches qu'on y introduit se nourrissent des sucs du fumier et des vers qui s'y engendrent. Elles multiplient parfois à un si haut degré, dans leur demeure artificielle, qu'on est obligé de construire trois fosses, une pour le frai, une seconde pour l'alevin ou les jeunes Loches, une troisième pour celles qui sont parvenues à leur développement ordinaire ».

Afin de rendre cette description plus intelligible, nous y joignons une gravure de cette frayère exécutée avec soin, grav. 10.

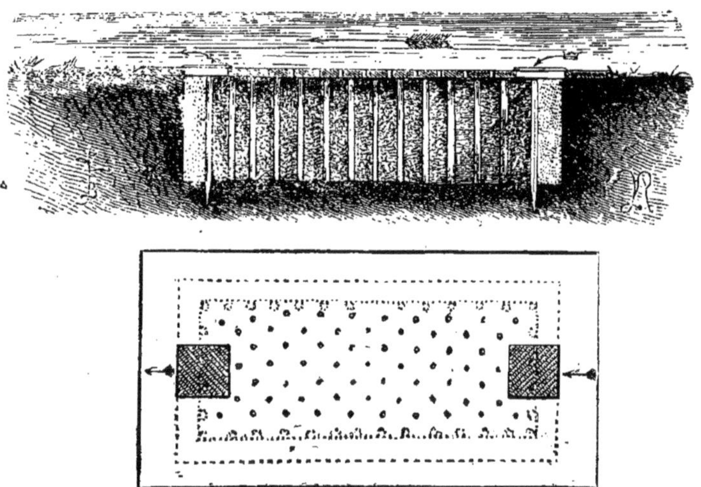

Grau. 10. — Frayère à Cobites.

Bosc, qui était grand amateur de la Cobite Loche, a écrit ce qui va suivre en 1809 : « J'en ai beaucoup pêché dans les ruisseaux des montagnes de la ci-devant Bourgogne où elle est très-commune. En Allemagne, on prend des mesures pour assurer sa multiplication, mesures que je voudrais voir adopter en France. Voici le procédé qu'on emploie (grav. 11).

« On fait une fosse de huit pieds de long et de moitié de profondeur et de largeur, au milieu d'un ruisseau d'eau vive, dont le fond soit caillouteux, et on la garnit latéralement de planches percées ou de claies,

Grav. 11. — Frayère de Bosc pour les Cobites.

de manière qu'il y ait un demi-pied d'intervalle entre ces planches et les côtés, afin de pouvoir y entasser du fumier de mouton. Les Cobites trouvent une nourriture abondante dans ce fumier et dans les vers qui s'y engendrent, et multiplient à un point incroyable. On peut aussi leur donner les restes des purées, des pommes de terre, des raves (navets), des carottes cuites, du pain de chènevis (tourteau de chanvre) et autres graines huileuses. »

Gardon (*Cyprinus rutilus*). — Cette espèce de la famille des Carpes, ressemble beaucoup au Chevaine, mais elle est plus ramassée et sa tête n'a pas une forme aussi carrée. A première vue, on pourrait aussi confondre le Gardon avec l'Able-Jesse, mais en y regardant de près, on voit que les écailles du Gardon sont plus grosses (grav. 12).

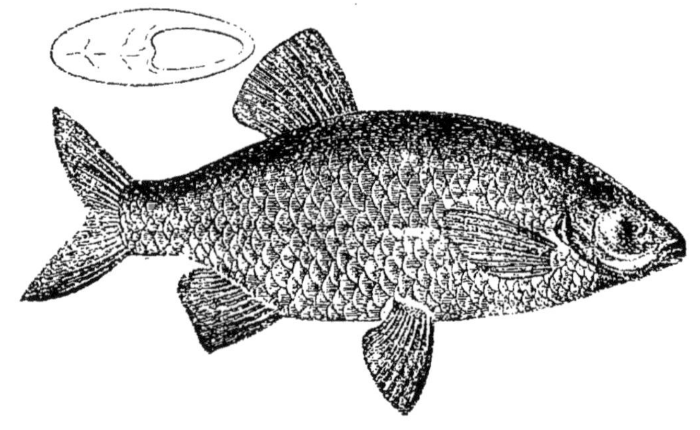

Grav. 12. — Gardon.

Ce poisson ne se déplaît pas absolument dans les eaux très-vaseuses, mais il préfère celles qui le sont médiocrement, et l'on en rencontre sur des fonds sableux et dans le voisinage des berges rocheuses. Un léger courant lui convient, une eau très rapide lui est défavorable. Il se tient volontiers au fond de l'eau, sur la pente des trous profonds, comme la Brême.

Goujon. — Le Goujon (*Cyprinus Gobio*) forme un genre de la grande famille des Cyprinoïdes (grav. 13). Sa longueur est de 16 centimètres ou un peu plus, sa hauteur d'environ 3 centimètres. Il a le corps allongé, le dos arrondi et les flancs couverts de taches rondes et bleues. Sa couleur est très variable; son dos est le plus ordinairement d'un bleu noirâtre ou verdâtre, pointillé de brun ou de jaune; son ventre est d'un blanc rosé; ses nageoires dorsale et caudale sont aussi pointillées; sa bouche a deux barbillons.

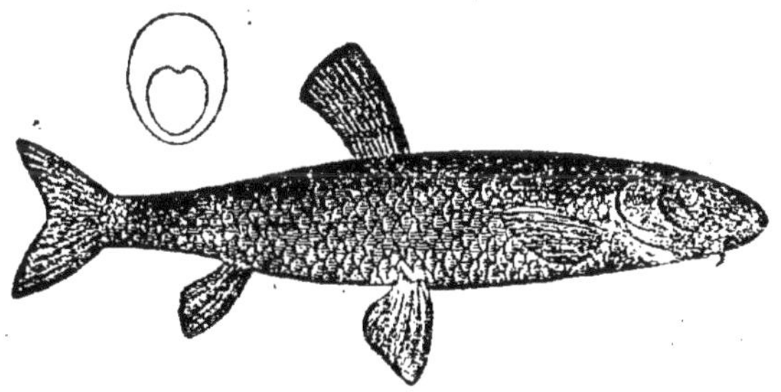

Grav. 13. — Goujon.

Le Goujon est un petit poisson très sociable, vivant par troupes plus ou moins nombreuses dans les eaux douces de nos rivières et de nos fleuves. Il fraye au printemps contre les plantes et les pierres, et se tient toujours au fond de l'eau. Il multiplie beaucoup; sa nourriture se compose de plantes, d'insectes aquatiques, de frai, etc. Il recherche avidement les cadavres d'animaux en putréfaction, et l'on est assuré d'en trouver dans le voisinage de ceux-ci.

La chair du Goujon est recherchée et réputée fort saine. On en consomme énormément en friture, et quoique l'on dise, le chiffre de leur population s'en ressent; la pêche de ce poisson devient d'année en année moins fructueuse, et pour en avoir, il faut le payer à des prix trop élevés pour le mérite réel de la marchandise. Autrefois les Goujons étaient le mêts de tout le monde; aujourd'hui ce n'est plus précisément cela.

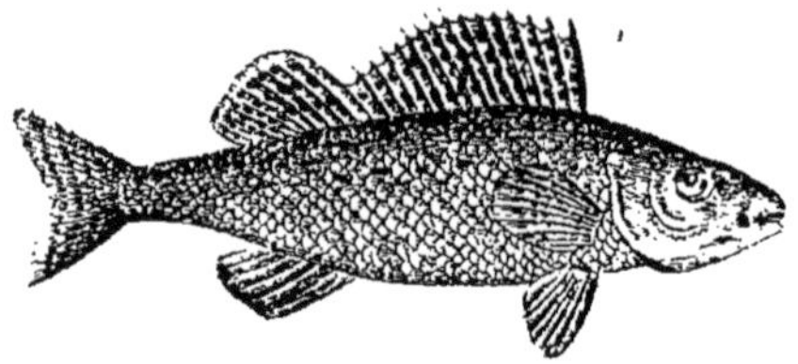

Grav. 14. — Gremille.

Gremille commune ou **perche Goujonnière** (*Accrina vulgaris*). — Ce poisson (grav. 14), qui a beaucoup de ressemblance avec la Perche, ne devient guère plus gros que le Goujon; pour sa qualité, il est en grande réputation parmi les pêcheurs, et il est à regretter qu'il soit peu répandu dans nos rivières. Un auteur a dit que tous nos cours d'eau nourrissaient la Gremille; c'est une erreur; on ne la rencontre guère que dans la Normandie, et notamment à l'embouchure de l'Eure, dans la Seine. On ferait donc bien de songer à sa multiplication et de se rappeler qu'elle fraye en avril.

La chair de la Gremille est plus estimée que celle de la Perche, et ce n'est pas peu dire.

Voici son portrait : Dos brun clair, jaunâtre sur les flancs, argentée sous le ventre; petites taches brunes sur la tête et sur le dos. Son poids ne dépasse guère 100 grammes.

Lamproie de rivière ou de vivier (*Petromy-*

zon fluvialis). — Cette espèce de poisson cartilagineux et suceur atteint rarement une longueur de 50 centimètres (grav. 15).

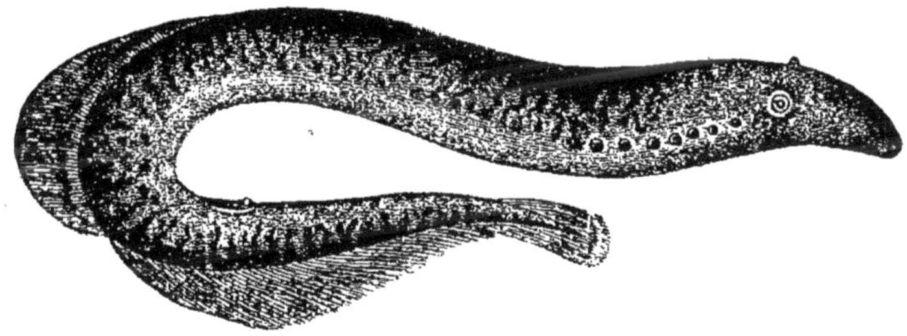

Grav. 15. — Lamproie.

Sa tête est d'un noir verdâtre qui passe au bleu d'acier sur le dos; ses nageoires sont d'un violet sombre et ses parties inférieures d'un gris blanchâtre. On la rencontre dans les lacs et les rivières, surtout en allant vers le nord de l'Europe. En Belgique elle habite l'Escaut, la Meuse, l'Ourthe, etc. En Allemagne, elle est abondante et recherchée; en France, elle est commune dans la Loire, et beaucoup de personnes l'aiment à cause d'une sauce particulière où il entre du vin rouge, des raisins secs, des pruneaux et des oignons.

Comme elle est dépourvue d'écailles et de dents meurtrières, la Lamproie ne peut se soustraire à ses ennemis que par une fuite rapide; elle est très-bonne nageuse. On lui reproche de s'attacher trop volontiers aux cadavres des noyés.

La Lamproie fraye au printemps, et pond une grande quantité d'œufs. Hors de l'eau, elle reste assez longtemps vivante, et pour peu que l'on prenne la précaution de la placer dans des herbes fraîches ou dans des linges mouillés, il devient facile de la transporter d'une pièce d'eau dans une autre, même à une assez grande distance.

Il existe encore une espèce de Lamproie plus petite que celle-ci; c'est la *petite Lamproie* (*Petromyzon planeri*). Comme la précédente, elle est de bonne qualité. Nous la connaissons pour l'avoir vue dans des étangs de l'Ardenne Belge, où personne n'avait songé à l'élever.

Lotte. — La Lotte, que nous figurons ici, est le seul poisson de rivière qui ait des airs de parenté avec la Morue et le Merlan. Voici les caractères auxquels on la reconnaît : Corps à peu près cylindrique, tête aplatie, yeux écartés, mâchoires égales, barbillon au menton, caudale arrondie, dos marbré de jaune et de brun, corps visqueux comme celui de la Cobite, longueur de 20 à 30 centimètres (grav. 16).

M. Charles de Massas s'exprime en ces termes sur le compte de la Lotte. « C'est un fort bon poisson, qui a le tort de ne pas être très commun et de manquer dans bien des eaux; par ses goûts, ses habitudes et sa forme, il se rapproche de l'Anguille; mais plus aisément qu'elle, il se laisse prendre en plein jour. Cela vient de ce que son abri habituel n'est autre chose qu'un caillou, et il le quitte pour saisir ce qu'il voit passer auprès; du reste il n'abandonne pas le fond.

Il existe principalement dans les eaux où est la Truite, c'est-à-dire dans des eaux claires et froides; cependant on en trouve dans d'autres eaux, mais ce n'est que rarement et toujours en faible nombre. Il n'atteint pas la grosseur qu'atteint l'Anguille. Une Lotte d'une livre est citée comme très belle. »

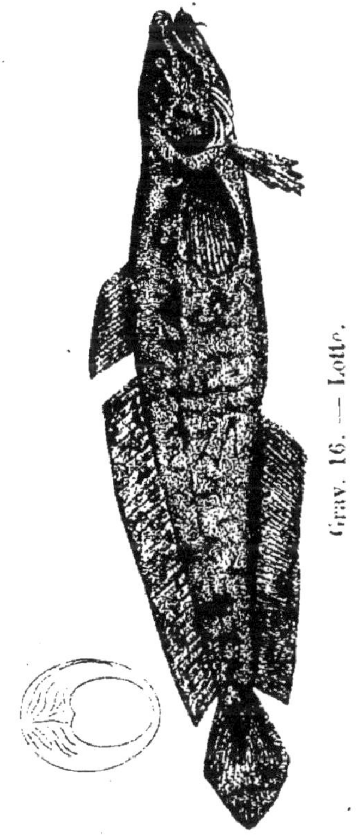

Grav. 16. — Lotte.

La Lotte est très féconde, et la pisciculture, qui porte particulièrement son attention sur les espèces délicates, l'oublie un peu trop. Il pourrait y avoir quelques essais à tenter de ce côté.

Ombre. — L'Ombre commun, *Ombre de rivière, Omble* (*Thymallus vexillifer*), est une espèce d'un genre de la famille des Salmonées. Comme le Saumon, il vient dit-on, de la mer, mais il n'y retourne pas toujours; en sorte que nous avons dans certaines limites le droit de le placer parmi nos poissons d'eau douce, s'il est permis d'appeler douce l'eau sauvage que l'Ombre habite parfois. Mais n'anticipons pas sur ce sujet et commencons par décrire l'animal.

L'Ombre a la tête petite, brune en haut, d'un blanc bleuâtre sur les côtés et parsemée de points noirs; sa bouche est peu fendue et ses dents sont très fines; son corps allongé est d'un vert bleu sur le dos; son ventre est blanchâtre; à la fraye, les nageoires dorsales et pectorales sont semées de marques bleu de ciel avec quelques pointillés couleur de feu. En un mot, l'Ombre est riche en couleurs, et avec cela, il jouit, affirme-t-on, de la propriété rare chez les poissons d'exhaler une odeur agréable, une odeur de thym, qui lui a valu son nom scientifique *Thymallus*. C'est une particularité qui n'est pas soupçonnée partout, qu'il nous eut été facile de vérifier, mais que nous n'avons pas vérifiée, il faut en convenir.

L'Ombre habite les petites rivières et les ruisseaux ombragés des montagnes; plus l'eau y est *dure*, vive et rapide, mieux il s'y plaît. Il existe sur différents points de l'Europe, surtout de l'Europe septentrionale; pour notre compte, nous ne l'avons vu que dans l'*Eau-Noire,* sauvage ruisseau de l'Ardenne Belge, près de Saint-Hubert, où on le place au niveau de la Truite pour la qualité. Il n'y aurait pas d'inconvénients à le mettre un peu au-dessus, car sa chair blanche est délicieuse, surtout en hiver par les grands froids. A l'automne il est plus gras, mais il a moins de finesse.

Il convient d'ajouter que la nature des eaux et leur profondeur influent beaucoup sur la qualité de la chair et sur la coloration de ces poissons. La description que nous venons de donner s'applique à l'Ombre que nous avons vu en Ardenne et que nous croyons être celui que l'on désigne sous le nom d'*Ombre à ventre nu*.

Ce poisson fraye en avril et mai sur les cailloux du fond de l'eau; il ne multiplie guère dans nos pays tempérés, et c'est de ce côté que devraient se diriger les efforts des pisciculteurs, et que la fécondation artificielle pourrait être appelée à remplir un rôle important. On y a songé, empressons-nous de le reconnaître, mais de sérieuses difficultés sont à craindre à cause de la qualité de l'eau, sur laquelle l'Ombre se montre intraitable; il ne prospère pas dans une eau courante ordinaire; il périt dans l'eau dormante, et quand on a trouvé celle qui pourrait lui être agréable, il faut encore qu'il y ait là tout près, de chaque côté, des forêts qui empêchent le soleil de la réchauffer.

L'Ombre est nécessairement carnivore comme tous les illustres membres de sa famille; il vit de petits poissons, de frai de Truite, d'insectes, de petits escargots, etc., etc.

M. Charles de Massas que nous aimons à citer, parce qu'il fait autorité comme observateur parmi les pêcheurs à la ligne, a parlé d'un Ombre qui nous paraît bien distinct du précédent. C'est le *Lavaret (Coregonus Lavaretus* de Cuvier); voici ce qu'il en dit :

« L'Ombre diffère de la Truite en plusieurs points; il n'atteint point comme elle des grosseurs notables;

sa bouche est plus petite et dépourvue de dents; ses flancs sur un fond clair, présentent quelques taches noires moins apparentes que celles du Saumon. Sa chair est saumonée et n'a presque point d'arêtes. Il habite également les eaux courantes et les lacs alimentés par des sources vives et froides (grav. 17).

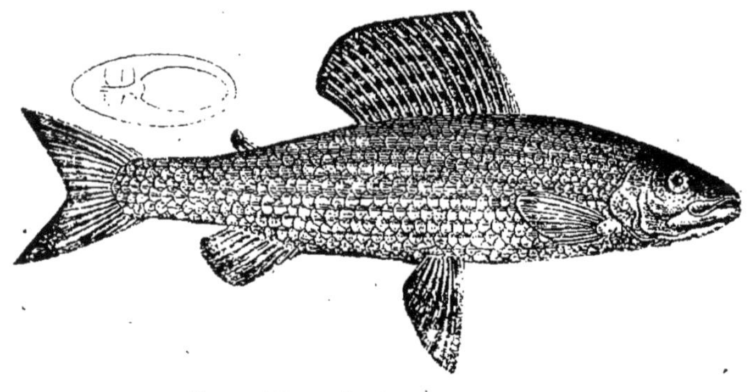

Grav. 17. — Ombre d'Auvergne.

« Il existe à Nantua, dans le département de l'Ain, un lac qui en contient beaucoup; le Rhône, l'Ain en ont aussi. En Normandie, où la Truite abonde, on ne le connaît pas; il s'en trouve dans l'Auvergne, dans les Ardennes; j'ai appris qu'il n'en existait pas dans les Pyrénées. »

« J'ignore d'où lui est venu le nom bizarre d'Ombre; je parviendrais à m'expliquer ce nom si ce poisson affectionnait les rives ombragées, mais il n'en est pas ainsi : Rien d'aride, de dépourvu d'ombrages comme le lit de la rivière d'Ain, l'une de celles que ce poisson fréquente. Il est vrai que dans cette contrée on le nomme aussi Lavaret. »

Ombre-Chevalier. — L'Ombre-Chevalier que l'on

vante partout et avec raison, est généralement peu connu (grav. 18). Nous nous sommes adressé à M. le Comte de Galbert, un de nos pisciculteurs les plus distingués, pour avoir des renseignements exacts sur ce poisson, et nous devons à sa gracieuse obligeance les lignes qui vont suivre : « — L'Ombre-Chevalier ne

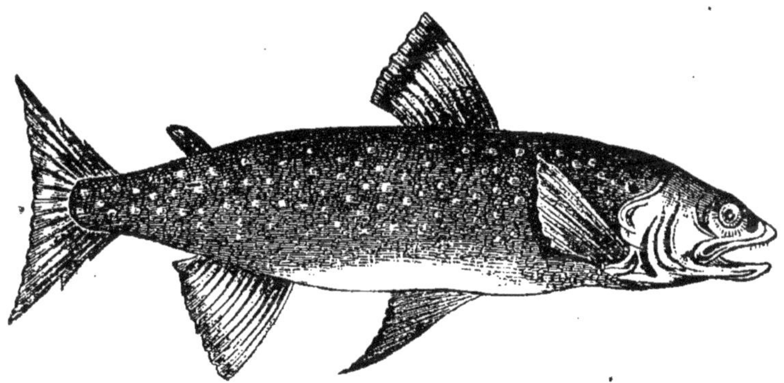

Grav. 18. — Ombre-Chevalier.

hante que les lacs d'une grande profondeur. Celui du de lac Genève n'est pas identique à celui du lac du Bourget où il est très rare et surtout à l'Ombre-Chevalier du lac de Paladru. Le premier est beaucoup moins coloré et sa chair est moins bonne; elle est même d'une digestion relativement difficile, comparée à la chair fine et succulente de celui de Paladru, dont les écailles sont plus brillantes, plus vives et à peine perceptibles. A l'époque des amours, il devient azuré sur le dos, argenté sur les côtés, orangé sous le ventre avec un reflet doré. Ces teintes diverses se nuancent d'une manière charmante. L'Ombre-Chevalier de Genève est plus pâle. — J'ai marié souvent et efficacement l'Ombre-Chevalier avec la Truite, proche parente qui fraye à la même époque. Les produits ont tenu de l'un et de l'autre, plus pâles que la Truite, plus bruns que l'Ombre. Je n'ai jamais pu parvenir à avancer l'Ombre de rivière pour que la Truite put la féconder. Cette circonstance seule signale l'éloignement des races. »

Perche. — La Perche commune (*Perca fluviatilis*), est de la famille des Percoïdes. C'est un poisson vorace d'eau douce, très beau, très bon, et répandu dans toute l'Europe. Son corps est ovale, un peu aplati; ses dents sont nombreuses, petites et acérées; ses écailles sont dures et solidement fixées à la peau; ses nageoires épineuses font le désespoir du Brochet, comme nous l'avons vu précédemment. Il a le dos brun verdâtre, les flancs d'un jaune vif, rayés de 6 ou 7 bandes foncées. La première nageoire dorsale porte une marque noire; les nageoires du ventre et de l'anus offrent une belle couleur rouge (grav. 19).

La Perche habite les lacs, les ruisseaux d'eaux vives, les rivières un peu froides, et toujours plus près des sources que des embouchures, car elle n'aime point à descendre au-dessous de 60 centimètres à 1 mètre d'eau.

Dans nos climats tempérés, la Perche ne dépasse guère en longueur 45 à 60 centimètres, et en poids 2 kilogrammes; celles de ce volume ne sont pas communes; dans le nord elle devient plus forte.

La Perche fraye en mars et avril; elle dépose dans les joncs et les roseaux une multitude d'œufs qui s'y attachent en un long cordon, un peu à la manière des œufs de grenouilles. Dans une Perche de 1 kilogramme, l'ovaire pèse jusqu'à 220 et 240 grammes, et l'on estime que le nombre des œufs, de la grosseur d'une graine de tête de pavot, s'élève à près de 300,000. M. Picot, qui les a probablement comptés chez une Perche de plus de 1 kilogramme, en élève le chiffre à près d'un million. Il nous importe peu, on le pense bien, que ces chiffres soient ou ne soient pas d'une exactitude rigoureuse; ils n'ont d'autre mérite à nos

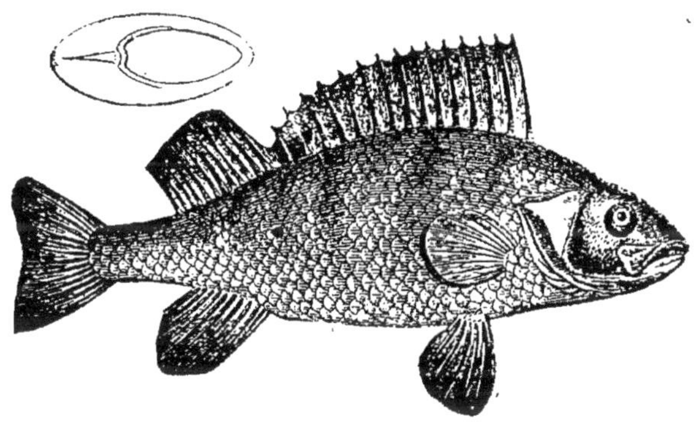

Grav. 19. — Perche.

yeux que de démontrer la prodigieuse aptitude de ce poisson à multiplier.

On comprend, après cela, qu'il ne soit pas nécessaire avec la Perche de recourir à l'opération de la ponte et de la fécondation artificielle; elle fait toute seule assez largement les choses, et se passe très bien des petites attentions de l'homme.

Laissons parler M. Ernest Lamy : « Les œufs de la Perche, réunis au moyen d'une matière albumineuse, dit-il, forment un sac étroit, sans ouverture, de un à deux mètres de long, sur six centimètres de large, et représentant par leur arrangement une sorte de réseau magnifique. Pour reproduire abondamment et facilement ce poisson, il n'est pas besoin de recourir à la fécondation artificielle ; on laisse tout ce soin à la nature elle-même. Voici comment on procède :

« Dans un petit bras de rivière, dans un étang ou dans un vivier, on cantonne cent à deux cents mâles et femelles. Si la rivière est encombrée d'herbe, on la fauche, ne laissant çà et là que quelques bouquets qui deviennent des frayères naturelles. Si la rivière ne contient pas d'herbes, on place de distance en distance des frayères artificielles sur lesquelles les femelles viennent déposer leur frai ; de sorte que tous les matins, pendant le mois d'avril, vous trouvez çà et là sur vos frayères de magnifiques sacs d'œufs flottants, que vous ramassez et que vous mettez dans de petits paniers à éclosion pour qu'ils ne soient pas dévorés.

« Pendant l'hiver, nous avions cantonné dans un petit bras de rivière, environ deux cents Perches, et nous avons recueilli quatre-vingts frais. En supposant que chaque ponte de perche renferme 60,000 œufs, nous arrivons au total de trois millions de Perches que nous avons fait éclore. L'incubation des œufs de ce poisson demande peu de soin ; la seule précaution à prendre est de ne mettre qu'un chapelet par panier, qu'on attache dans un endroit peu tourmenté de la rivière. Ces petits paniers, faits d'osier ou en toile métallique, ont 30 centimètres de longueur, 10 de largeur et 8 de profondeur ; ils sont à claire-voie, afin que l'eau qui baigne les œufs se renouvelle aisément ;

couverts, afin que les rats d'eau, les oiseaux aquatiques, les canards, ne les mangent pas. On attache des liéges aux deux bouts du panier, pour qu'il flotte à eau rase »

Les Perches vivent de jeunes poissons, de jeunes couleuvres, de jeunes grenouilles, de vers, d'insectes. Souvent il en périt de celles qui veulent avaler des épinoches et ne savent en venir à bout.

Les Perches ont la vie dure hors de l'eau; elles craignent le tonnerre et la gelée; sous la glace elles enflent et périssent au bout de quelques jours. La chair de la Perche est blanche, ferme et délicieuse.

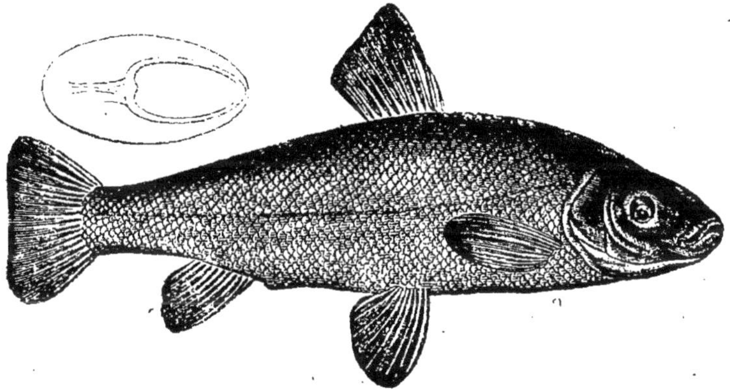

Grav. 20. — Tanche.

Tanche. — La Tanche (*Tinca vulgaris*) (grav. 20), est de la famille des Cyprinoïdes, et pour cela parente de la Carpe à un degré qui n'est pas très-éloigné. On la reconnaît au signalement que voici : Forme de la Carpe ou à peu près, mais plus épaisse et plus élevée; dos d'un vert noirâtre, flancs d'un jaunâtre cuivreux, ventre havane clair ou chamois; sur la Tanche des eaux vaseuses, le vert noirâtre domine et s'étend beaucoup; sur la Tanche des eaux claires, au contraire, le jaune l'emporte sur la couleur foncée.

Une Tanche doit être réputée de belle taille, quand elle mesure 32 centimètres entre l'œil et la queue; alors sa hauteur est d'environ 16 centimètres et sa tête a à peu près 6 centimètres de longueur. Les écailles de la Tanche sont très petites et se recouvrent d'une matière gluante qui la rend difficile à tenir. Une ligne brune part du dessus de l'ouïe, va jusqu'à la queue et divise pour ainsi dire le poisson en deux parties.

La Tanche fraye vers le milieu de l'été, ordinairement en juin et juillet, et pond des œufs qui se fixent aux herbes. Elle vit de vers, d'insectes, de graines et de feuilles.

La Tanche a un mérite capital, c'est de vivre fort bien dans les eaux les plus boueuses, les plus malpropres, dans les fossés qu'on ne cure point, les mares de village, où l'eau ne se renouvelle un peu qu'en temps de pluie, et même dans les routoirs à eau dormante. Nous avons été tant de fois témoin du fait, que nous croyons utile de l'enregistrer. Dans les pièces d'eau vaseuse qui se dessèchent, tout le poisson périt, excepté la Tanche qui s'enfonce dans la boue et s'y maintient très longtemps. La pièce d'eau vient-elle à geler, la Tanche supporte bravement l'inclémence du ciel, et n'a pas besoin pour respirer, qu'on se donne la peine de rompre la glace.

Cette robuste bête n'est pas très estimée, on trouve sa chair fade; elle l'est un peu, en effet, mais on exagère ce défaut; il nous semble à nous, qu'elle occupe assez dignement une place dans les matelottes, et qu'on ne doit pas la dédaigner en friture.

Truite commune. — C'est le *Salmo fario* des naturalistes (grav. 21); elle appartient à la famille des Salmonés. La Truite commune a ordinairement de 27 à 38 centimètres de longueur; son corps est couvert de taches d'un beau rouge, qui résistent à la cuisson; son poids varie entre 1 et 2 kilos, mais celles de 2 kil. ne sont pas très répandues.

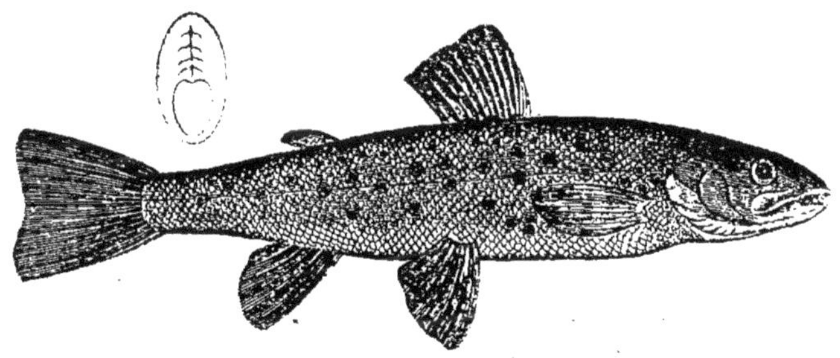

Grav. 21. — Truite commune.

La Truite habite les eaux froides et limpides des rivières et des ruisseaux; elle aime à se réfugier parmi les pierres et dans les trous des berges. On peut l'élever dans les étangs ou les réservoirs alimentés par des sources d'eaux vives. Elle fraye de novembre en février et dépose ses œufs près des bords, à une faible profondeur, et dans des trous ouverts dans le sable ou le gravier. Ces œufs sont *libres*; quelle que soit l'importance de la ponte, la multiplication de la Truite est compromise par toutes sortes d'accidents, attendu que l'éclosion est très lente à se faire, et que, durant le délai, les œufs ont à souffrir de la voracité des animaux aquatiques et des crues intempestives. Ce n'est pas tout : Les embryons qui ont le bonheur d'échapper à la destruction ont encore de grands dangers à courir après l'éclosion. Au sortir de leurs coques, dont les jeunes Truites ont de la peine à se débarrasser, et jusqu'à ce que leur vésicule ait disparu, elles manquent de vivacité et sont incapables de se soustraire à leurs nombreux ennemis. Et ce que nous disons ici de la Truite commune s'applique à toutes les espèces du genre Saumon.

D'après cela, on comprend que les procédés de fécondation artificielle aient pour la reproduction des Salmonés en général une importance qu'ils n'ont pas au même degré en ce qui regarde les Cyprins, les Esoces ou les Percoïdes; avec ces derniers, on peut se contenter d'aider la nature en disposant des frayères artificielles; avec les Salmonés il est avantageux de se substituer en quelque sorte à la nature complètement. C'est à opérer cette substitution le mieux possible, que s'ingénient nos pisciculteurs modernes.

Truite Saumonée. — C'est une espèce distincte, du même genre et de la même famille que la Truite commune ou Truite blanche (grav. 22). Elle est désignée par les naturalistes sous le nom de *Salmo Trutta*? Elle est un peu moins forte que la Truite blanche, plus svelte, plus rare et plus estimée; ses flancs sont d'un blanc plus clair que ceux de la Truite commune; sa tête est plus fine et plus allongée; les taches qu'elle porte sont plus rares, brunes ou de couleur variable. Elle habite les mers, les lacs de montagnes à fond sableux, les eaux vives des ruisseaux. Ses mœurs ne diffèrent pas de celles de la précédente; sa chair saumonée est de qualité supérieure.

Beaucoup de personnes affirment que la Truite Saumonée n'est pas une espèce particulière; on nous dit que les jeunes truites ne sont pas saumonées et que les grosses ne le deviennent que dans certaines eaux et dans certaines circonstances, par exemple à l'époque de la fraie, que le saumonage dure quel-

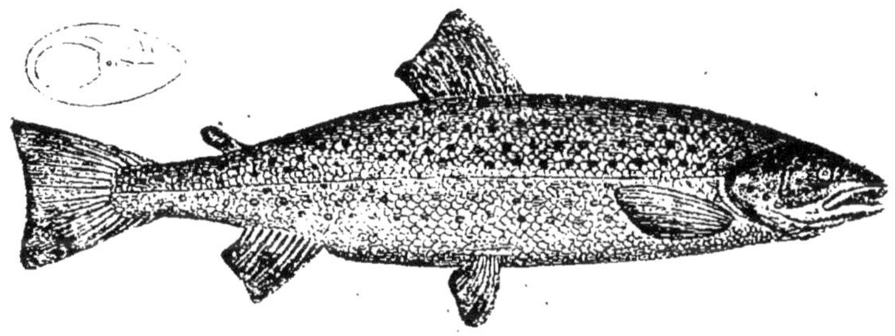

Grav. 22. — Truite saumonée.

quefois longtemps, et que d'autrefois sa durée est très-courte.

A ceci, on nous permettra d'ajouter qu'il existe des ruisseaux où de petites Truites sont toutes fortement saumonées au printemps, tandis qu'il existe d'autres ruisseaux où de plus grosses Truites ne le sont jamais. Mais que l'on veuille bien prendre des renseignements sur les bords de l'Andelle, entre Gisors et Rouen, et l'on y apprendra que dans cette rivière il se rencontre à la fois des Truites blanches et des Truites saumonées. Cependant les eaux sont les mêmes et les circonstances aussi.

Dans l'Epte, autre rivière de Normandie, toutes les Truites qui ont atteint le poids de 250 grammes se saumonent, tandis que tout près de là, il s'en trouve qui restent toujours blanches.

CHAPITRE II

POISSONS D'EAU DOUCE PEU OU POINT CONNUS EN FRANCE

Maintenant que nous avons fait connaissance avec les poissons d'eau douce qui servent le plus habituellement à notre consommation, il nous reste à signaler à l'attention de nos lecteurs quelques espèces étrangères, mais également d'eau douce, dont l'acclimatation pourrait être tentée chez nous.

Dans son beau livre sur l'*Acclimatation* et la *Domestication des Animaux utiles,* M. Isidore Geoffroy Saint-Hilaire dit avec raison qu'au lieu de s'occuper d'abord à multiplier les espèces indigènes, on aurait dû commencer par introduire et acclimater des espèces exotiques. On a essayé de réaliser le vœu de Daubenton qui, en 1792, disait : « — N'est-il pas possible de naturaliser en France l'Umble ou l'Ombre chevalier, qui n'a encore été, jusqu'à présent, que dans le lac de Genève, et d'autres encore? » L'Ombre chevalier a été introduit chez nous; on y a introduit également avec plus ou moins de succès, une Perche des eaux de la Sprée (*Perca lucioperca*), le *Cyprinus jeses* de Bloch, la Lotte allemande et le grand Silure d'Europe (*Silurus glanis*), qui est le Salutte des Suisses, le plus grand de nos poissons d'eau douce, espèce répandue dans le Volga, le Danube, le Rhin, etc., dont la chair blanche et agréable, est peut-être un peu trop grasse et un peu trop douce. Nous ne pouvons ni ne devons nous en tenir là. L'Europe n'est pas la seule partie du Monde où il y ait des conquêtes à faire; on sait que la Carpe et le Cyprin doré nous viennent de loin et qu'il n'y a pas de raison pour reculer, après cela, devant l'importation de nouvelles espèces. On espère donc, malgré des tentatives infructueuses, faites à diverses reprises, réussir à transporter dans nos eaux le Barbeau du Nil (*Cyprinus Binny*) (grav. 23); et le Gourami de l'Asie orientale (*Osphromenus olfax* de Commerson); et pour que des hommes intelligents caressent cet espoir, il faut que la possibilité de la chose les y autorise.

Nous empruntons au livre de M. Isidore Geoffroy Saint-Hilaire les passages intéressants qui concernent les deux espèces en question.

« — Mon père, dit-il, a retrouvé, soit dans le bas, soit dans le haut Nil, ce poisson désigné par les Arabes sous le nom de *Binny* ou *Benny*, et qui est célèbre par l'excellence de sa chair. Pour en exprimer l'exquise délicatesse, on se sert en Égypte de cette phrase devenue proverbiale : *Si tu connais meilleur que moi*, *ne me mange pas*. Ce qui prouve peut-être encore

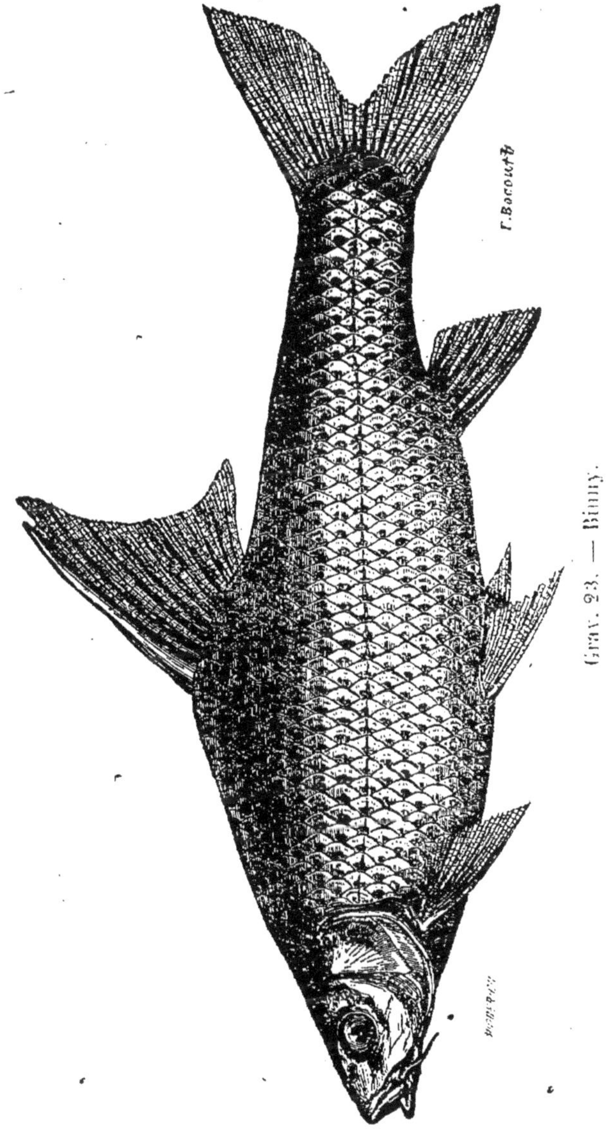

Grav. 23. — Binny.

mieux que ce proverbe combien le Binny est estimé

en Égypte, c'est qu'il y a principalement à Syout et à Kené, des hommes qui n'ont point d'autre état que celui de pêcheurs de Binnys... Le Binny est, d'après les déterminations faites par mon père, le fameux *Lepidotus* des anciens, le seul poisson qui, suivant Strabon, partageât avec l'*Oxyrhynchus* les honneurs d'un culte étendu à toute l'Égypte.

« Le Binny a communément un demi-mètre de long, et il n'est pas rare de rencontrer des individus de plus d'un mètre. Remarquable entre tous les poissons du Nil, comme il est dit déjà dans un passage du faux Orphée, par la grandeur et l'éclat argentin de ses écailles (caractère d'où lui venait le nom de *Lepidotus*), le Binny deviendrait bientôt, selon toute apparence, si nous parvenions à l'obtenir, un des poissons d'eau douce les plus recherchés sur nos tables, dont il serait un des ornements.

« Il y a, dans d'autres pays, des poissons non moins estimés pour leur chair; si j'ai choisi, pour le mentionner de préférence, le Binny, qui n'a encore été l'objet d'aucune tentative d'acclimatation, ce n'est pas seulement en raison du prix que j'attacherais particulièrement à l'introduction d'un poisson dont les bonnes qualités alimentaires ont été surtout signalées par mon père, c'est aussi parce que cette introduction me semble une de celles qu'il est le plus facile d'essayer. Grâce au perfectionnement de la navigation, le Nil n'est plus qu'à quelques jours du Rhône et de nos vastes étangs du Midi; et, sur les bords du Nil, la Société d'acclimatation compte un grand nombre de membres, parmi lesquels S. A. le vice-roi d'Égypte et les princes de sa famille. »

Voici, maintenant, ce que M. Isidore Geoffroy Saint-Hilaire nous dit du Gourami :

« — Ce poisson, du singulier groupe des Acanthoptérygiens à pharyngiens labyrinthiformes, est encore supérieur comme taille, et peut-être comme qualité, au précédent. Il dépasse souvent un mètre de long ; il atteindrait même jusqu'à deux mètres, selon Lacépède ; et « comme sa hauteur, » ainsi que le fait remarquer ce célèbre ichthyologiste, est très-grande, à proportion de ses autres dimensions, il fournit un aliment copieux. » M. l'amiral Dupetit-Thouars a vu des individus de 10 kilogrammes, et il y en a qui pèsent davantage. Quant aux qualités alimentaires du Gourami, il n'y a qu'une opinion. Lacépède nous le représente comme « remarquable par la bonté de sa chair, autant que par sa forme et par sa grandeur ; » et Cuvier le dit « délicieux et plus savoureux encore que le Turbot. » Quant à Commerson, qui en parle, non d'après le témoignage d'autrui, mais d'après sa propre appréciation, il ne s'en tient pas là : « Je n'ai jamais mangé, dit-il, de poisson plus exquis que le Gourami. » — « La chair en est très-excellente et le goût très-délicat, » dit aussi, en parlant par expérience, un auteur récent, M. Reisser, qui n'oublie pas d'ajouter : C'est une nourriture *saine* en même temps qu'abondante. »

« La pensée d'importer le Gourami en Europe a été émise à plusieurs reprises. « Il serait bien à désirer, disait Lacépède, dès 1802, que quelque ami des sciences naturelles, jaloux de favoriser l'accroisse-

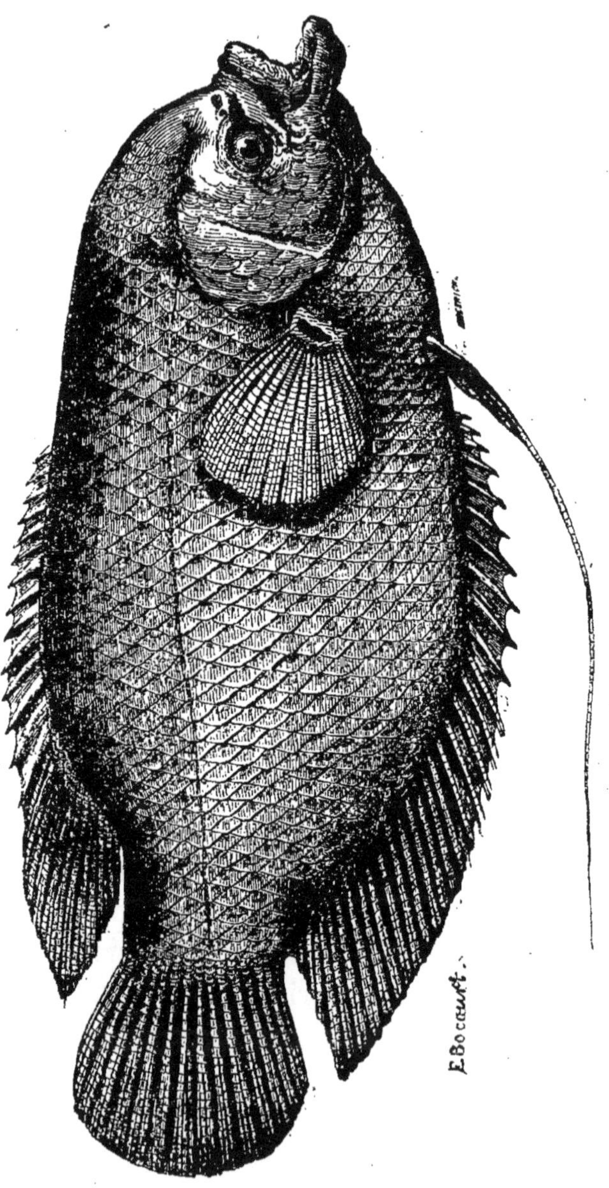

Grav. 21. — Gourami.

ment des objets véritablement utiles, se donnât *le peu de soins nécessaires* pour le faire arriver en vie en France, l'y acclimater dans nos viviers, et procurer ainsi à notre patrie une nourriture peu chère, exquise, salubre et très-abondante (grav. 24). »

« Lacépède se trompait en supposant que *peu de soins* devaient suffire pour réaliser l'acclimatation du Gourami dans nos eaux. Mais son vœu ne méritait pas moins d'être entendu, et le Gourami valait bien qu'on fît, pour nous le procurer, des tentatives même incertaines, même dispendieuses... Ainsi en ont jugé Péron et Lesueur qui, dès le commencement de notre siècle, avaient essayé de ramener ce poisson de l'île Maurice en France. Malheureusement leurs Gouramis, qui étaient en grand nombre et jusque-là très-bien portants, périrent tous ensemble par la maladresse d'un matelot. Ainsi en a jugé, plus récemment, le capitaine Philibert : la perte de vingt-trois individus sur cent, entre Maurice et Cayenne, l'avait assez averti de la difficulté d'amener le Gourami jusqu'en France; il n'en a pas moins essayé de le faire, et, s'il n'y a pas réussi, s'il a eu le regret de voir le dernier de ses précieux poissons mourrir en vue de nos côtes, il lui reste l'honneur d'avoir donné un utile exemple, généreusement suivi de nos jours par M. Liénard. »

Tout dernièrement le succès a été sur le point de se réaliser. M. Liénard avait pu transporter pleins de vie, jusqu'aux attérages de Marseille, cinq Gouramis. Quatre périrent sous l'influence d'une saute de vent; le cinquième fut remis à M. Barthélemy-Lapommeraye qui, en décembre 1863, l'élevait dans un bocal.

M. Liénard avait eu, heureusement, la sage précaution de laisser cinq autres Gouramis au Caire, chez M. Coulon. Il faut espérer qu'ils y multiplieront et que, tôt ou tard, il nous en reviendra de l'Égypte.

CHAPITRE III

LES DEUX MODES DE REPRODUCTION DES POISSONS D'EAU DOUCE

Il s'agit de voir à présent par quels moyens nous pouvons seconder la nature pour assurer le succès plus complet de la multiplication des espèces qui nous intéressent le plus. Quand nous aurons fait de ce côté tout ce qui est à faire pour peupler ou repeupler les eaux, nous prendrons souci des êtres créés; nous nous occuperons de leur élevage et de leur engraissement.

Il convient tout d'abord de se rappeler que les poissons se reproduisent au moyen d'œufs, qu'on donne à ces œufs le nom de *frai*, que le frai est déposé par les femelles, à époques plus ou moins fixes, sur des pierres, sur un fond de sable ou de gravier, ou bien encore sur des plantes, dans les lieux d'ordinaire les moins profonds et les plus chauds des cours d'eau ou des pièces d'eau. Il convient de savoir ensuite que les poissons ne s'accouplent pas comme les quadrupèdes et les oiseaux, que les œufs, au sortir du ventre de la mère, sont, par conséquent, stériles et qu'ils ne deviennent féconds qu'après avoir été imprégnés, soit de suite, soit même au bout de plusieurs heures, par la liqueur séminale des mâles. Nous nommons cette liqueur séminale *laitance* ou simplement *laite*.

Bosc pense qu'un mâle peut féconder les œufs de cinq à six femelles, et peut-être plus, mais que le hasard le conduisant le plus souvent, il faut qu'il y ait toujours un mâle pour deux ou trois femelles. Nous acceptons ce chiffre, sans toutefois faire au hasard la part que Bosc lui a faite. Les mâles de poissons doivent obéir à l'instinct de la reproduction et se sentir entraînés vers les frayères par une force irrésistible. Mais nous n'avons pas à discuter là-dessus.

Nous nous contentons de faire observer que le moyen le plus simple de reproduire les poissons, et en même temps le plus naturel, consiste à mettre dans une rivière ou dans une pièce d'eau à leur convenance, un certain nombre de femelles et de mâles, puis d'arranger les choses de façon que ces poissons reproducteurs vivent en paix et soient placés dans d'excellentes conditions de multiplication. A cet effet, il est à désirer que les bords des rivières, étangs et viviers soient pentueux, car ceux qui offrent une épaisseur d'eau de plus de 0,16 centimètres sont défavorables à la reproduction. 0,06 à 0,08 centimètres d'eau sur les bords exposés au Midi, du sable, du gravier, des pierres de distance en distance, et de loin en loin quelques touffes d'herbe; voilà ce qu'il faut à la plupart de nos reproducteurs. Il est à désirer aussi que le bétail n'approche point des frayères aussi longtemps que dure l'époque de la fraie, que les crues d'eau et les abaissements de niveau soient prévenus autant que possible, et qu'enfin l'on fasse une chasse active aux Loutres, Rats d'eau et animaux pêcheurs de toutes sortes.

Ces conditions, reconnaissons-le, ne sont pas toujours faciles à établir. Il s'ensuit que les œufs fécondés de nos poissons sont en très-grande partie détruits, et que si la ponte n'était pas aussi considérable qu'elle l'est, il y aurait danger de voir disparaître les espèces les plus précieuses. Mais quand on sait que la Carpe, par exemple, pond jusqu'à 100,000 œufs par livre de poids vivant, il y a lieu de se tranquilliser. Cependant, ce n'est point une raison pour se résigner à des sacrifices d'une importance énorme dans l'état de nature, et nous comprenons que l'on ait cherché le moyen de s'y soustraire par un mode de reproduction artificielle qui rend la fécondation et la surveillance des produits très-faciles, et qui nous offre, en outre, divers avantages sur lesquels il ne fallait pas compter avec la reproduction naturelle.

Fécondation artificielle des poissons. — L'histoire de cette découverte n'est pas à dédaigner. On constate qu'au quatorzième ou au quinzième siècle, Dom Pinchon, moine de l'abbaye de Réome, aujourd'hui Moutiers-Saint-Jean (Côte-d'Or), connaissait déjà l'art de multiplier les poissons au moyen de boîtes en bois grillées aux deux bouts, et dont le couvercle portait également, à son centre, une grille en osier. Le fond de ces boîtes était garni de sable fin pour recevoir les œufs. Cet art resta le secret de quelques moines, et peut-être aussi de quelques seigneurs, les seuls intéressés, en ce temps-là, à en tirer parti. Les pêcheurs de profession n'avaient pas à s'en occuper. Mais la chose ne se perdit point.

En 1758, au moment de la guerre dite de sept ans, le comte de Golstein, qui rendait le séjour de Dusseldorff très-agréable aux officiers français, entretint l'un d'eux, Fourcroy, d'un mémoire intéressant qu'il tenait, assurait-il, de très-bonne main. Ce mémoire était écrit en allemand. Fourcroy se le fit traduire en latin, puis il le traduisit lui-même en langue française, et quelques années plus tard, alors qu'il était directeur des fortifications en Corse, il adressa une copie de cet écrit à Duhamel du Monceau.

Duhamel connaissait déjà le mémoire allemand pour en avoir lu une traduction imparfaite, publiée en 1771, dans les *Soirées helvétiennes, alsaciennes, et franc-comtoises*, de ce fameux marquis de Pezay qui, de son vrai nom, s'appelait Masson tout court. Où le marquis en question s'était-il procuré le mémoire allemand? Nous l'ignorons.

« — C'est ici, dit-il, l'occasion de publier une recette, pratiquée avec succès dans le pays d'Hanovre, pour la multiplication de cette denrée (du poisson). Je ne puis garantir le succès que pour deux espèces de poisson : le Saumon et la Truite. Je ne sache pas que les épreuves aient été appliquées à d'autres; mais je ne vois point de raisons pour qu'elles ne réussissent pas également pour tous les poissons d'eau douce. » Un peu plus loin, après avoir publié la recette, le marquis ajoute : « — Cette ingénieuse invention est d'un habitant du pays d'Hanovre. Il en a fait les épreuves avec le plus grand succès à Nortelem. Le fruit de ses recherches est devenu un objet de commerce considérable. Elles lui ont, en outre, valu une pension de l'Angleterre, qui croit que le moyen de multiplier les découvertes utiles, est de les récompenser. »

Ces renseignements étaient exacts. On a su depuis que l'auteur du mémoire allemand « *sur la façon de faire naître des Saumons et des Truites,* » était un sieur G. L. Jacobi, de Hohenhausen, qui fut successivement lieutenant des miliciens du comté de Lippe-Detmols, major au service de la Prusse, et fabricant de poissons à Hambourg, à Hohenhausen et en dernier lieu à Nortelem.

En 1773, Duhamel inséra dans son *Traité général des Pêches* la traduction de l'écrit de Jacobi, telle qu'il l'avait reçue de Fourcroy, et il nous paraît utile d'en reproduire ici les paragraphes essentiels :

« 1° On fera construire une caisse de grandeur à volonté; par exemple de 12 pieds de long, 1 pied 1/2 de large et 6 pouces de hauteur.

« 2° A l'une des extrémités, on laissera une ouverture de 6 pouces en carré, fermée d'un grillage de fer ou de laiton, dont les fils ne seront pas éloignés plus de quatre lignes les uns des autres. A l'autre extrémité, sur le côté de la caisse, sera pareille ouverture de 6 pouces de large et 4 de hauteur, grillée de même; celle-ci servira pour la sortie de l'eau; l'autre pour son entrée, et le grillage empêchera qu'il ne se puisse glisser dans la caisse ni rats d'eau, ni aucun autre insecte ennemi ou destructeur des œufs de poissons.

« 3° La caisse sera exactement fermée par le dessus pour les mêmes raisons; on peut cependant laisser au couvercle une ouverture de 6 pouces en carré, semblablement grillée, pour donner du jour au jeune poisson; mais cela n'est pas nécessaire.

« 4° On choisira quelque lieu commode près d'un ruisseau, ou mieux encore près de quelque étang nourri par de bonnes sources, d'où l'on puisse, par une fente ou petit canal de dérivation, faire couler un filet d'eau d'environ un pouce d'épaisseur, à travers la caisse, par les grilles, après l'avoir placée dans la situation nécessaire à cet effet.

« 5° Enfin, on couvrira le fond de la caisse d'un pouce d'épais de sable ou de gravier, recouvert d'un lit de petits cailloux jointifs de la grosseur d'une noisette ou d'un gland.

(*On aura, par ce moyen, un petit ruisseau factice roulant sur un fond de cailloux; on en verra plus bas la nécessité.*)

« 6° On préparera une ou plusieurs de ces caisses en lieu convenable, pour le mois de novembre; c'est la saison où les Saumons commencent à frayer; alors, mâles et femelles, ils remontent des grandes rivières dans les ruisseaux, pour y jeter leur œufs et leur semence, comme on le voit arriver près Kaldorff. C'est alors qu'il faut procéder comme il suit :

« 7° On versera environ une pinte d'eau bien claire dans quelque vase bien nettoyé, comme seau de bois, ou tine ou baquet, et saisissant une femelle de Saumon par la tête, on la tiendra suspendue sur ce vase : Si ses œufs sont bien à maturité, ils tomberont d'eux-mêmes dans le vaisseau, sinon, en lui pressant légèrement le ventre avec la paume de la main, les œufs se détacheront et on les recevra facilement dans l'eau.

« 8° On en fera de même d'un Saumon mâle; quand il y aura sur les œufs assez de laitance pour blanchir la surface de l'eau, l'opération de la fécondation des œufs sera finie.

« 9° On répandra ces œufs ainsi fécondés dans une des caisses ci-dessus, et on y fera couler de l'eau du ruisseau, ayant attention qu'elle n'y coule pas avec assez de rapidité pour emporter les œufs avec elle; car il faut qu'ils demeurent tranquillement entre les cailloux.

« 10° Il faut avoir soin de nettoyer de temps en temps ces œufs des ordures que l'eau y apporte et y dépose; cela se peut faire au moyen d'une plume que l'on agite sur l'eau de côté et d'autre.

« 11° Quelquefois, au bout de cinq semaines, les petits Saumons sont déjà formés dans les œufs, y sont vivants et s'y remuent; on le reconnaît à leurs yeux qui sont noirs, au lieu que les autres parties sont diaphanes, et ne renvoient point la lumière. Huit jours après que l'on a distingué les yeux, ces petits poissons percent la coque ou peau tendre de l'œuf, et se promènent dans l'eau. »

Ces passages, les plus importants d'ailleurs, suffisent pour nous donner une idée exacte de ce qu'on savait, en 1758, sur l'art de féconder artificiellement les poissons.

Duhamel ajoutait ceci :

« Ni M. Fourcroy, ni M. le comte de Golstein, ni, à plus forte raison, moi ne sommes en état de certifier la vérité de tous les faits qui sont rapportés dans ce mémoire, mais la façon dont il est écrit engage à y avoir une certaine confiance, et peut-être pourra-t-il déterminer quelque naturaliste à faire des tentatives analogues pour multiplier d'autres poissons. »

Il n'était pas nécessaire d'avoir qualité de naturaliste pour contrôler expérimentalement les assertions de Jacobi. Duhamel aurait pu se livrer à la vérification ou mieux charger de cette besogne un simple pêcheur. Il n'y songea point et se contenta de reproduire un écrit de quelques pages qui se trouvèrent perdues au milieu de trois gros volumes in-folio.

Cependant, les pratiques de Nortelem se propagèrent peu à peu en Allemagne et des piscifactures furent établies, non-seulement dans les principautés de Lippe et de Waldeck, mais encore dans le duché de Saxe-Cobourg. Des essais eurent également lieu en Italie, en Suisse et en Angleterre, mais ils firent si peu de bruit que nous fûmes très-étonnés en France, quand on nous apprit, en 1849, qu'un pauvre pêcheur des Vosges, Joseph Rémy, avait, depuis plusieurs années déjà, découvert le moyen de féconder artificiellement les œufs de poissons, et de créer, par cela même, une industrie nouvelle d'une importance capitale. Évidemment, ce pêcheur de la vallée de Saint-Amarin n'avait jamais entendu parler de Dom Pinchon et de Jacobi, pas plus que des livres du marquis de Pezay et de Duhamel du Monceau. C'est ce qui a fait dire à M. Chabot-Karler : « Joseph Remy est donc, pour nous, le premier qui, en 1848, fit renaître une question sinon morte, au moins *inondée* depuis longtemps. »

Joseph Remy s'était associé un autre pêcheur, M. Géhin, le même qui fournit à M. Isidore Geoffroy Saint-Hilaire les renseignements écrits qu'on va lire :

« On disait depuis des siècles, de père en fils : Quand on touche une truite, elle perd ses œufs. Si l'on pouvait trouver le moyen de ne pas les laisser perdre!

« Pour trouver ce moyen, les deux pêcheurs s'associèrent, dit M. Géhin, et firent « une observation qui dura quinze jours. » Alternativement, et en se relayant de cinq en cinq heures, ils suivirent, couchés sur le bord d'une petite rivière très-limpide, la Mosellote, le travail de la femelle, et ensuite celui du mâle. La première, près de pondre, arrange des pierres de distance en distance, en descendant l'eau, qui l'aide à pousser ces pierres, quelquefois d'un demi-quart de livre; puis elle se frotte le ventre sur les pierres et fait sortir les œufs, qui sont alors entre les pierres. Le mâle fait de même et jette sur les pierres. Les femelles recouvrent ensuite le tout.

« C'est ainsi, dit M. Géhin, que nous eûmes l'idée

de frotter les ventres et de verser la laitance sur des œufs; mais « on nous croyait fous : on *faisait dire des messes.* »

Notre époque a ceci de bon, c'est qu'avec nos comices, nos journaux, nos publications de toutes sortes, il devient impossible qu'une découverte sérieuse passe inaperçue, surtout quand cette découverte se recommande par la position modeste ou malheureuse de son auteur. Celle de Joseph Remy obtint une publicité éclatante, et ce fut justice; les journaux ne lui marchandèrent pas leur appui, et grâce à la persévérance de l'initiative privée, et notamment aux efforts du docteur Haxo, les doutes des savants furent ébranlés et le monde officiel intervînt. M. Coste, professeur d'embryogénie, fit un rapport à l'Institut sur la découverte du pêcheur vosgien, rapport qui parut dans le *Moniteur universel* avec les dessins des appareils employés, et, à partir de ce moment, le succès de la fécondation artificielle fut assuré. Des récompenses furent accordées aux inventeurs et l'établissement modèle de Huningue fut créé.

La France venait d'imprimer le mouvement; toute l'Europe le ressentit et s'y associa, mais comme toujours, on s'exagéra la portée des résultats à attendre de la nouvelle industrie. Il y eut par conséquent des mécomptes et du refroidissement. Aujourd'hui, on sait à quoi s'en tenir sur l'importance réelle de la fécondation artificielle. Elle est plus sûre, plus expéditive que la fécondation naturelle; elle a, en outre, le grand mérite de nous permettre de créer des races croisées. Avec l'art nouveau, nous pouvons aisément, et à peu de frais, réempoissonner les rivières dépeuplées, peupler celles qui n'ont jusqu'ici donné que des produits insignifiants, introduire les espèces rares et délicates où elles n'existent point, produire des métis et augmenter ainsi, dans certaines proportions, la richesse publique. Il faut, pour cela, des soins, des attentions quelquefois minutieuses, soins et attentions qui, en définitive, consistent à copier la nature le plus fidèlement possible dans le détail des opérations où nous nous proposons de la remplacer.

Moyen de se procurer les œufs et la laitance. — Il est clair que pour se procurer les œufs et la laitance d'une ou plusieurs espèces, il convient de connaître le moment de la fraye et de prendre à ce moment-là un certain nombre de femelles et de mâles que l'on parque dans de petits réservoirs ou bassins distincts, ou bien encore dans ces caisses trouées, connues sous le nom de *boutiques à poissons,* ou mieux, dans les grandes cages munies de flotteurs, proposées par M. le docteur Lamy, de Maintenon. Or, nous savons que la Carpe, le Carassin, la Brême, la Vandoise, le Goujon, l'Able, l'Ablette, qui appartiennent tous au genre Cyprin, frayent ou pondent en mai et juin; que le Brochet fraye en mars et avril; la Tanche, vers le milieu de l'été, en juin et juillet; le Saumon et la Truite, à partir de la fin de l'automne jusqu'en février; l'Ombre commun, en avril et mai; la Perche, en mars et avril. Voilà donc, quant à plusieurs de nos espèces d'eau douce, des dates suffisamment rigoureuses pour nous guider. Quant aux espèces étrangères, également d'eau douce, qu'il est question d'introduire chez nous, nous n'avons pas à nous en occuper à présent.

Pour ce qui est de certains poissons de mer qui remontent à l'embouchure des fleuves et sont acclimatables en eau douce, comme les Muges ou Mulets et les Loubines ou Bars, on sait parfaitement sur nos côtes à quel moment ils pondent, et d'ailleurs quant aux Muges, M. Labbé, de Luçon, et MM. Gauducheau et Chauveau de Triaize, qui les ont reproduits artificiellement, peuvent nous éclairer.

Lorsque l'on a sous la main les reproducteurs mâles et femelles, on les emprisonne en attendant que l'on opère, et nécessairement on les place dans des eaux à leur convenance. On ne mettra pas plus la Truite, l'Ombre et la Perche dans une eau dormante et tiède, qu'on ne mettra la Tanche dans une eau vive et froide. C'est là une question d'appréciation sur laquelle nous n'avons pas à nous étendre, car on la saisit tout de suite, et il suffit de se reporter à la monographie que nous avons donnée de chaque poisson pour savoir le milieu qu'il convient de choisir.

Moyen de féconder artificiellement les œufs. — En premier lieu, nous avons une distinction essentielle à établir entre les œufs de poissons. Ceux qui choisissent pour frayères naturelles des lits de sable ou de gravier pondent des œufs *qui restent libres;* ceux, au contraire, qui frayent parmi les herbes, pondent des œufs *qui se fixent* à ces herbes à l'aide d'une substance gluante. Les Salmonés, comme les Truites et Saumons, sont dans le premier cas; les Cyprins, comme les Carpes, sont dans le second. Or, du moment où nous nous faisons une loi de calquer exactement notre opération artificielle sur l'opération naturelle, il est clair que notre manière de procéder avec les Truites ne saurait être de tous points la même qu'avec les Carpes.

Supposons d'abord que nous ayons affaire à des Salmonés, dont les œufs restent libres.

Nous prenons un vase quelconque à fond plat, aussi large ou à peu près en haut qu'en bas. Nos anciennes cuvettes de faïence, les vases à lait de l'Auvergne, un seau ordinaire scié transversalement par le milieu, une daubière de cuisine, peuvent très-bien servir à l'opération. Les amateurs emploient le plus souvent des vases en porcelaine et en verre. Nous n'avons pas besoin d'ajouter que le vase doit être d'une propreté irréprochable.

On y verse de l'eau claire sur une épaisseur de 8 à 10 centimètres au plus. La température de cette eau dépendra nécessairement de l'espèce de poisson à reproduire. D'après M. Chabot-Karler, elle sera de 4 à 8° pour la Truite; de 5 à 10° pour le Brochet; de 14 à 16° pour la Perche; de 20 à 25° pour la Carpe, la Tanche et tous les Cyprins, qui sont des poissons d'été.

« Dans la pratique, ajoute l'habile pisciculteur suisse, ces chiffres scientifiques n'ont pas une grande signification, et cela se comprend, parce qu'on opère purement et simplement avec les eaux d'où sont sortis les poissons, et dans nos nombreuses manipulations, c'est toujours ce qui nous a le mieux réussi. »

Et, en effet, quelle que soit la localité où l'on opère, on ne cherchera à obtenir que les poissons qui s'y rencontrent naturellement ou tout au moins ceux qui peuvent y vivre aisément. En conséquence, l'eau de rivière, de ruisseau, d'étang ou de vivier de cette localité, répondra évidemment à nos besoins et nous dispensera des indications du thermomètre, si, bien entendu, nous ne puisons cette eau qu'au moment d'opérer la fécondation.

Dès que l'eau en question a été versée dans le vase à la hauteur indiquée, on saisit la femelle de poisson de la main gauche, le doigt dans l'ouïe, ou de façon à bien la tenir par le dos, dans le sens vertical et suspendue au-dessus du vase, comme l'indique la gravure 25; puis, avec le pouce ou les deux doigts de la main droite, on exerce une pression très-légère, lente, délicate sur le ventre de l'animal. Cette pression suffit pour amener la sortie des œufs par l'orifice anal; s'ils ne tombent point dans le vase, c'est qu'ils ne sont pas suffisamment mûrs, et alors il faut remettre à quelques jours le travail de la fécondation. C'est une affaire de tâtonnement.

Quand ils sont mûrs, la sortie se fait bien et sans effort. L'essentiel est qu'ils se disséminent le mieux possible sur le fond du vase, c'est-à-dire qu'ils ne s'y amassent point par places, attendu que l'entassement rendrait la fécondation difficile et très-incomplète. Aussitôt les œufs tombés, on saisit le mâle de poisson, que l'on a eu soin de placer à sa portée; on le suspend de la main gauche, comme la femelle, au-dessus du vase de l'opérateur; on lui presse délicatement le ventre avec le pouce ou avec deux doigts de la main droite, et la laitance, si elle est mûre, tombe de l'orifice anal sous l'aspect d'un liquide épais et

Grav. 25. — Ponte artificielle.

crémeux qui suffit pour la fécondation des œufs de trois femelles. Lorsque l'eau ressemble pour la couleur à du lait très-dilué ou très-coupé, selon l'expression vulgaire, la quantité de laitance répandue suffit. On remue un peu le mélange, soit avec la queue du poisson, soit avec la main; on laisse reposer pendant cinq ou six minutes, après quoi la fécondation est certaine.

M. Chabot-Karler conseille de débarrasser les œufs fécondés, — dans les premières minutes qui suivent la fécondation et par deux ou trois lavages rapides, — des mucosités dont le poisson est ordinairement enveloppé.

On voit par ce qui précède que les pisciculteurs de ce temps-ci ne s'éloignent guère, dans leur manière d'opérer, de la pratique conseillée par Jacobi.

Les femelles et les mâles qui ont servi à la fécondation artificielle, peuvent être livrés de suite à la consommation, ou engraissés dans les *boutiques* et les viviers, tantôt pour les besoins de la table, tantôt pour les utiliser de nouveau, l'année suivante, à titre de reproducteurs.

La plupart des insuccès qui viennent décourager les débutants en pisciculture tiennent à ce qu'ils opèrent avec violence, avant que les œufs et la laitance soient mûrs, ou bien encore trop tardivement, ou, enfin, trop lentement. D'après M. Koltz, on reconnaît que l'on a attendu trop longtemps pour débarrasser les femelles de leurs œufs, « à l'émission simultanée d'une matière purulente jaunâtre, au milieu de laquelle on reconnaît quelques œufs, qui deviennent d'abord opaques, lors de leur contact avec l'eau, pour passer ensuite au blanc. »

Une femelle que l'on force à pondre avant le temps voulu, ne donne que des œufs impropres à la fécondation. Si on lui presse trop le ventre sans que le frai en sorte, ces œufs se gâtent et le poisson maigrit. Une femelle qui ne trouve point l'occasion de frayer à temps, souffre beaucoup; ses œufs s'altèrent également et elle périt.

Maintenant, il nous reste à parler de la fécondation artificielle des œufs de poissons qui se fixent aux herbes aquatiques. Elle n'est pas plus difficile que celle des œufs libres, seulement elle demande un peu plus de main-d'œuvre et d'attention.

On prépare, à cet effet, des herbes aquatiques bien propres, bien lavées, telles que, par exemple, les diverses Callitriches (*Callitriche stagnalis, C. platycarpa, C. verna*); la Renoncule aquatique (*Ranunculus aquatilis*), le Roseau commun (*Arundo phragmites*), les Glyceries flottante et aquatique (*Glyceria fluitans* et *G. aquatica*), etc.; puis, on commence par opérer la fécondation dans un vase, de la même manière qu'avec les œufs libres, dont il vient d'être question. Dès que cette fécondation est accomplie, c'est-à-dire cinq ou six minutes après que l'eau a été troublée ou blanchie par la laitance du mâle, on saisit les plantes par petites poignées et on les promène en tous sens dans le liquide spermatisé jusqu'à ce que les œufs se soient attachés aux feuilles en nombre suffisant. Cela fait, on retire de l'eau les herbes chargées de frai, on les met dans un baquet et on les recouvre d'un linge mouillé, les œufs, dans aucun cas, ne devant jamais être à sec. On peut encore recevoir directement le frai sur les herbes mouillées, les plonger ensuite dans l'eau du vase, faire tomber la laitance, agiter cette eau spermatisée ou laitancée avec les herbes en question, les y laisser quelques minutes en repos, les retirer ensuite et les placer dans le baquet avant de les porter dans les appareils à éclosion.

Cette façon d'opérer est peu usitée. Il est plus simple et presque toujours plus avantageux de recourir à un procédé mixte qui consiste à soumettre à l'éclosion artificielle les plantes récoltées après la fraie et couvertes d'œufs pondus et fécondés naturellement. Ou bien encore, on forme des *frayères arti-*

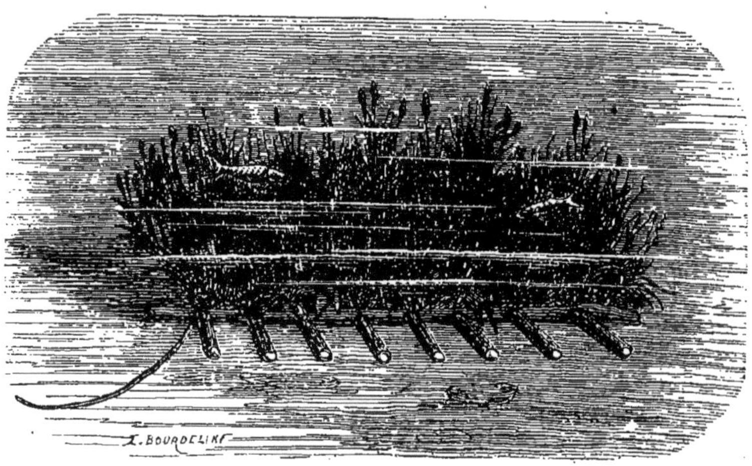

Grav. 26. — Frayère horizontale.

ficielles que l'on place au bord des pièces d'eau ou des cours d'eau, avec l'espoir que les poissons viendront y frayer. Ces frayères, composées de deux morceaux de bois parallèles auxquels on lie un certain nombre de traverses, que l'on garnit de plantes aquatiques et de rameaux herbacés, sont fixées tantôt horizontalement, de façon à plonger aux trois quarts dans l'eau; tantôt verticalement, comme l'indiquent les gravures 26 et 27. On les met en place quelques semaines avant l'époque de la fraie; on les retire après la ponte; on enlève les plantes avec soin et on les loge tout de suite dans les appareils à éclosion.

Grav. 27. — Frayère verticale.

Ce procédé mixte a le mérite de supprimer les manipulations les plus minutieuses; il nous dispense des tâtonnements, nous évite de fausses manœuvres et mérite par conséquent à tous égards d'être recommandé.

Des appareils à éclosion. — Nous avons vu que l'appareil primitif de Dom Pinchon et de Jacobi consistait en une caïsse grillée. Aujourd'hui, nous avons mieux que cela; cependant les petits paniers à incubation de M. Lamy nous rappellent la forme de cette ébauche. « Ces petits paniers, écrit l'habile pisciculteur, faits d'osier ou en toile métallique, ont 30 centimètres de longueur, 10 de largeur et 8 de profondeur. Ils sont à claire-voie, afin que l'eau qui baigne les œufs se renouvelle aisément; couverts, afin que les rats d'eau, les oiseaux aquatiques, les canards, ne les mangent pas. On attache des lièges aux deux bouts du panier, pour qu'il flotte à eau rase (grav. 28). »

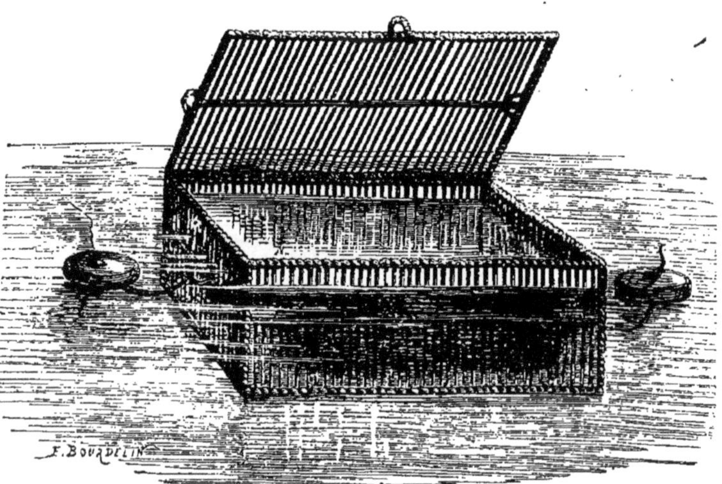

Grav. 28. — Panier d'incubation à flotteurs.

Remy et Géhin qui opéraient dans les Vosges, au milieu d'eaux courantes et pures, se servaient de boîtes en fer-blanc (grav. 29). On s'en sert encore communément dans la Bavière et dans le Wurtemberg; mais l'inconvénient qu'a le fer-blanc de s'oxyder, de se rouiller, pour employer le mot de tout le monde, a engagé quelques pisciculteurs Wurtembergeois à substituer le zinc au fer-blanc. De son côté, M. Koltz, garde-général des forêts dans le grand duché de Lu-

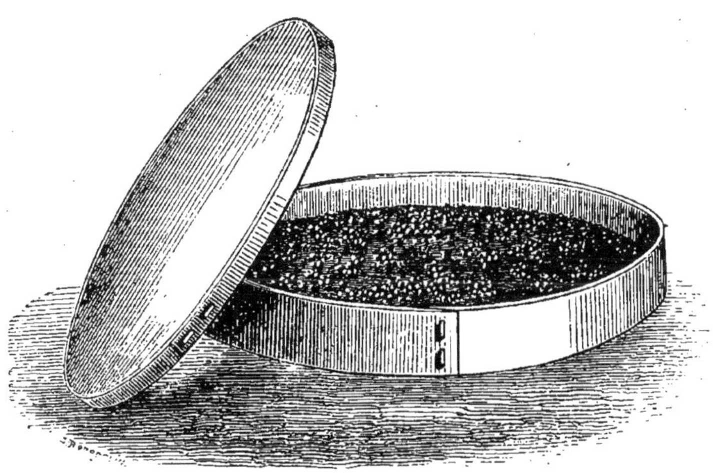

Grav. 29. — Boîte en fer-blanc

xembourg, et chargé, en cette qualité, d'essais piscicoles pour le compte du roi de Hollande, a cru devoir renoncer aux boîtes métalliques et les a remplacées par des vases en terre cuite vernie qu'il trouve meilleurs et assurément moins coûteux (grav. 30). M. Koltz ajoute que ces vases criblés de petits trous et munis d'un couvercle également troué « sont d'un excellent usage chaque fois qu'on les garnit de flotteurs en bois et qu'on leur assure une certaine fixité, au moyen de caisses spéciales. »

Ces diverses boîtes, isolées, ainsi que les doubles tamis en toile métallique, enchassés dans des cadres flottants, conviennent parfaitement aux cours d'eau limpide sur fond de gravier, mais pour peu que l'eau soit vaseuse ou chargée d'impuretés quelconques, il se forme autour des appareils des dépôts qui obligent de les nettoyer, c'est-à-dire de les sortir de l'eau plus souvent qu'il ne convient pour le succès de l'opération. Or, pour éviter cet inconvénient, M. Coste, professeur d'embryogénie au collége de France, a fait construire une caisse à incubation qu'il a décrite en ces termes :

Grav. 30. — Boîte en terre cuite.

« Cette caisse (grav. 31) a 1 mètre environ de long sur 50 centimètres de large et autant de profondeur ; elle est de bois plein dans le fond et sur les côtés. Un couvercle, divisé transversalement en deux pièces mobiles, au centre desquelles est une ouverture carrée de 15 à 20 centimètres, à laquelle on adapte un grillage de toile métallique, forme la paroi supérieure, et chaque extrémité est fermée par un bâti, dont l'ouverture, un peu plus large que celle des couvercles, est également garnie d'un grillage. Les unes et les autres sont mobiles sur des charnières, ouvrent en dehors et sont maintenues fermées simplement à l'aide de deux pitons fichés en regard l'un de l'autre, dans lesquels on passe une corde, une cheville, et, pour plus de sûreté, un cadenas. A l'intérieur, cette caisse n'est point di-

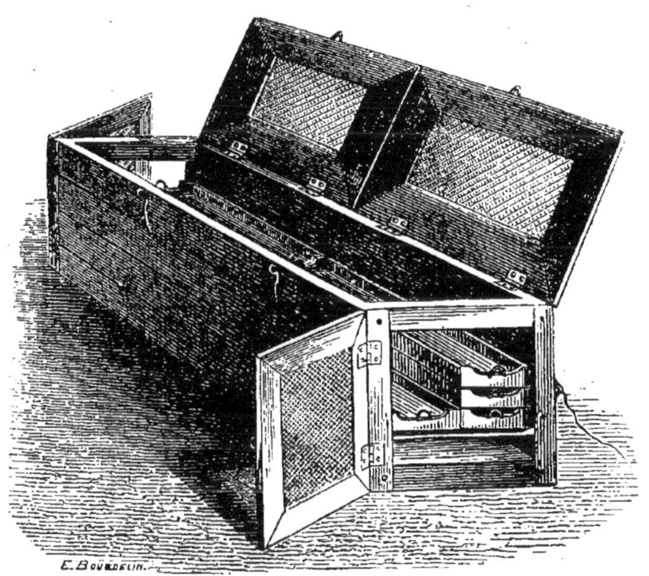

Grav. 31. — Boîte à incubation pour les cours d'eau.

visée ; elle porte seulement à ses extrémités et au centre, à 15 centimètres environ du fond, des tasseaux ou traverses destinées à soutenir les claies qui forment le complément de l'appareil. Celles-ci consistent en baguettes de verre enchassées dans un cadre de bois. »

On superpose ces claies au nombre de quatre sur le même plan.

On reconnaît, à première vue, que la caisse de M. Coste est plus facile à nettoyer que celles dont nous parlions tout-à-l'heure et qu'elle a sur ces dernières l'avantage de ne pas mettre les poissons nouvellement éclos en contact direct avec les toiles métalliques, dont les aspérités offensent la vésicule ombilicale des jeunes poissons, cause de mort presque toujours certaine, au dire du savant professeur.

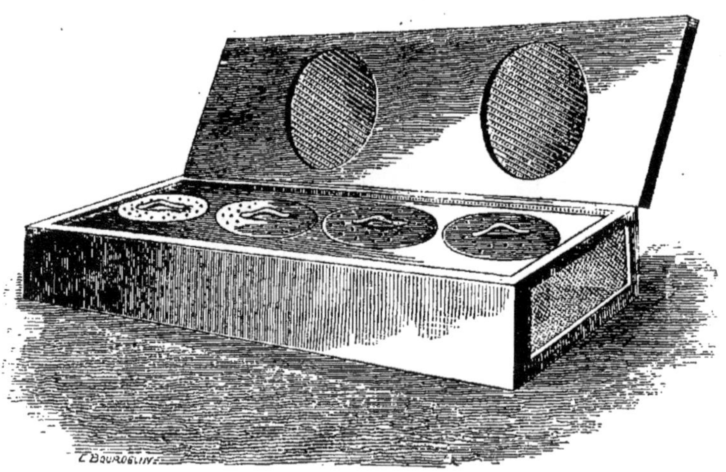

Grav. 32. — Caisse spéciale pour les boîtes.

Les caisses spéciales à compartiments (grav. 32), dans lesquelles on renferme les boîtes en fer-blanc de Remy, celles en zinc du Wurtemberg, celles en terre cuite de M. Koltz, nous semblent réunir les mêmes avantages que la caisse de M. Coste, et obvier par conséquent aux inconvénients que présentaient les boîtes disposées d'abord isolément dans les cours d'eau.

Les appareils, dont nous venons d'entretenir nos lecteurs, conviennent non seulement aux personnes qui opèrent l'incubation dans des eaux courantes et limpides, mais encore à celles qui ne peuvent pas s'imposer de gros sacrifices et se procurer le grand incubateur à ruisseaux factices et à courants continus, imaginé par M. Coste. Cet incubateur est ce que nous avons de plus perfectionné jusqu'à cette heure. On peut l'établir dans toute pièce de maison non habitée, suffisamment éclairée et aérée, et sous des hangars voisins d'une pièce ou d'un cours d'eau, où l'on se propose d'opérer sur une grande échelle.

Nous figurons ici (grav. 33) le modèle qui fonctionne au collége de France et que M. Victor Borie a décrit aussi succinctement que possible en 1857 dans le *Journal d'Agriculture pratique*. — « Les auges qui servent de rigoles factices, écrivait-il, sont en poterie émaillée; de petites saillies, ménagées au milieu des parois de l'auge, permettent de poser dans l'auge une claie sur laquelle on étale les œufs fécondés. Les barreaux de cette claie, formés de baguettes de verre, placées parallèlement, avec un écartement de 2 à 3 millimètres, sont maintenus, à l'aide d'une très mince lame de plomb, dans des entailles pratiquées sur le bord inférieur des pièces qui forment les extrémités d'un encadrement en bois. Les anses qui garnissent les deux extrémités permettent de retirer la claie de l'auge qui la contient. »

De l'Incubation et de l'Eclosion. — Lorsque

Grav. 33. — Appareil à éclosion du Collége de France en pleine activité.

les œufs ont été fécondés, on les place avec soin dans les appareils destinés à l'incubation et à l'éclosion. Si l'on a affaire à des œufs libres, comme ceux du Saumon, de la Truite et de l'Ombre, œufs plus lourds que l'eau, et à des boîtes ordinaires, il faut avant toute chose que le fond de ces boîtes soit garni de sable ou de fin gravier. Si, au contraire, l'on a affaire aux appareils de M. Coste, c'est-à-dire aux claies en verre, on se contente de placer les œufs sur ce verre; mais dans l'un et l'autre cas, soit que l'on opère sur le gravier ou sur les claies directement, il est essentiel que le frai soit réparti uniformément.

S'agit-il d'œufs de Carpes, de Tanches, par exemple, qui sont plus légers que l'eau, et qui adhèrent aux corps sur lesquels ils tombent, il importe de les introduire dans les incubateurs avec les plantes qu'ils recouvrent, de ne pas submerger complètement ces incubateurs et d'éviter les courants rapides. Sur ce point l'appareil de M. Coste est précieux, attendu que la distribution de l'eau y est bien réglée.

Il peut arriver enfin, — tous les cas sont à prévoir, — que l'on ait à opérer sur des œufs expédiés de loin par des pisciculteurs étrangers. Or, dans cette conjoncture, il faut craindre les brusques changements de température, et mettre d'abord ces œufs avec leur appareil pendant 24 heures dans une eau marquant le même degré que celle où ils se trouvent.

Jusqu'ici tout va bien; la mise à l'incubateur des œufs à couver n'offre aucune difficulté sérieuse, mais voici venir les inquiétudes que cause l'incubation. Il peut arriver, et il arrive souvent, que l'humidité détermine des végétations parasites. Les œufs altérés, que l'on reconnaît à leur couleur blanchâtre et terne, sont, d'après M. Koltz, les premiers attaqués et recouverts des filaments parasites. Le mieux est d'enlever tout de suite avec une pince les œufs compromis. On doit craindre les espèces fluviatiles de la famille des Diatomées que M. Koltz appelle avec raison l'*oïdium du pisciculteur*. Pour le prévenir, il conseille de soustraire l'appareil incubateur à l'action de la lumière. D'autres conseillent, en pareil cas, le transvasement des œufs; malheureusement, c'est-là une opération *in extremis* et qui ne doit être faite que lorsque les yeux du jeune poisson sont déjà visibles

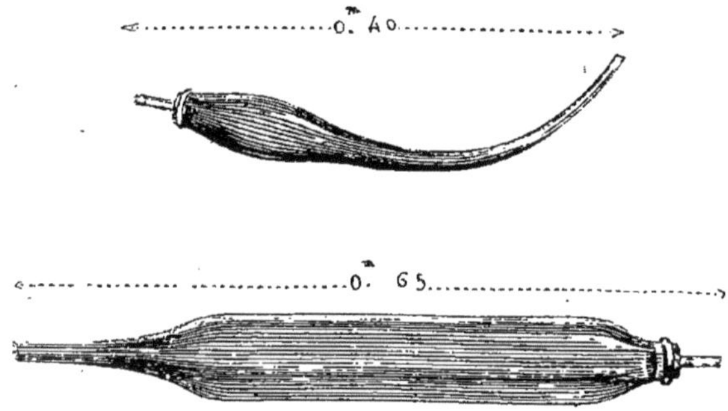

Grav. 34. — Pipettes pour le transvasement des œufs.

sur les œufs. Ce transvasement est facile d'ailleurs. On se sert, pour l'exécuter, des pipettes en verre que nous figurons ici (grav. 34) et que l'on manœuvre exactement comme la chantepleure. Avant de plonger la pipette dans l'eau jusqu'à l'œuf à enlever, on bouche son orifice supérieur avec le pouce, et lorsqu'on arrive à l'œuf en question, on relève le pouce; l'eau qui n'est plus comprimée reprend son niveau dans la pipette et emporte avec elle l'embryon. On bouche de nouveau l'orifice avec le pouce et l'on enlève de cette manière tous les œufs les uns après les autres.

Ces œufs ont à redouter encore les larves de plusieurs Hydrocanthares, et la surveillance la plus active ne parvient pas toujours à les sauver. Ce sont-là d'ailleurs des cas exceptionnels. Pour ce qui est des rats, souris, oiseaux et poissons mangeurs de frai, nous n'avons pas à nous en inquiéter, puisque les appareils ont été construits de façon à éviter leurs attaques.

Pendant la durée de l'incubation, les œufs subissent divers changements que nous allons signaler : — Quelques heures après que la fécondation a eu lieu, ils perdent de leur transparence, ils se ternissent un peu, mais au bout de quelques instants, cette transparence se rétablit graduellement. A partir de cette phase, et quoi que l'on fasse, les œufs qui n'ont pas été complètement imprégnés de laitance, ou qui ont souffert des secousses, s'avarient et meurent. Quand le pisciculteur ne perd que la moitié de l'œuvée, il n'a pas trop à se plaindre. On cite avec plaisir les réussites de 55 à 60 pour cent, et avec orgueil, celles de 80 à 85.

La petite tache circulaire que l'on remarque d'abord dans l'œuf peut être un indice de fécondation, mais c'est un indice sûr lequel il ne faut guère compter, car l'embryon, au début de son développement, est d'une sensibilité rare et le plus petit dérangement compromet son existence. C'est pour cela qu'on se garde bien de changer de place les œufs en cet état. On doit attendre que les yeux se dessinent sous la forme de deux points noirs de chaque côté de l'extrémité dilatée d'une ligne blanchâtre (grav. 35), dont l'autre extrémité s'allonge en forme de queue. Cette grossière ébauche du jeune poisson n'apparaît dans l'œuf de la Truite qu'au bout de quatre semaines environ, plus tôt dans les œufs du Brochet et de la Perche et encore plus tôt dans ceux de la Carpe et de la Tanche.

Grav. 35. — Œuf à une époque avancée du développement.

Peu à peu, les formes se dessinent avec plus de netteté; les jeunes poissons s'agitent et lorsqu'on aperçoit de fréquents mouvements de queue, on est sûr qu'ils vont rompre leur enveloppe et éclore. Ils en sortent, tantôt la queue, tantôt la tête en avant; parfois même, la vésicule ou poche ombilicale apparaît d'abord. Ces détails sont de peu d'importance à nos yeux; il nous est fort indifférent que l'éclosion se fasse d'une manière plutôt que de l'autre, puisque la main de l'homme n'a point à y intervenir.

Le jeune poisson, à sa sortie de l'œuf, n'est qu'à moitié désemprisonné; il lui faut encore quelques heures d'efforts pour se débarrasser de l'enveloppe protectrice qui lui est alors tout-à-fait inutile.

A partir du jour de la fécondation jusqu'au moment où le jeune poisson se dégage complètement de l'enveloppe de l'œuf, on compte, en moyenne, six semaines pour les Saumons, les Truites et les Ombres ; quatre semaines pour les Brochets et les Perches ; trois semaines pour les Carpes et les Tanches. Nous disons en moyenne, parce que les influences climatériques et les milieux dans lesquels on opère ralentissent ou abrégent la durée de l'incubation.

Manières d'élever les jeunes poissons. — Les jeunes poissons apportent en naissant une certaine provision de vivres contenus dans la vésicule ombilicale (grav. 36). Donc, aussi longtemps que cette vésicule

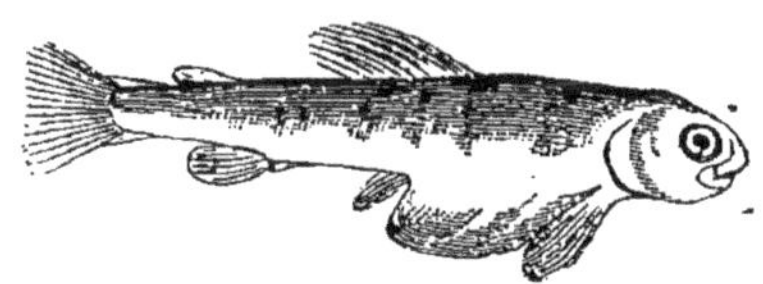

Grav. 36. — Truite à l'âge d'un mois, ayant encore la vésicule ombilicale.

n'est pas résorbée ou n'a pas disparu, il n'y a point à s'occuper de l'alimentation des élèves qui, vraisemblablement, trouvent encore, en dehors de la ration vésiculaire, des animalcules aquatiques à manger. On ne donne rien aux espèces du genre Cyprin pendant 15 à 20 jours, rien aux Truites et aux Saumons pendant plus d'un mois ; mais aussitôt que la poche ombilicale n'existe plus, on se préoccupe des moyens de pourvoir aux besoins des petits poissons (grav. 37).

Là dessus, les avis sont partagés, et nous n'avons pas la prétention de mettre nos pisciculteurs d'accord, attendu qu'ils n'apportent pas de faits à l'appui des raisons qu'ils donnent. Les uns pensent qu'il vaut mieux abandonner tout de suite les jeunes poissons aux cours et pièces d'eau à peupler ou à repeupler, que de les élever provisoirement dans des bassins spéciaux. Ils sont, disent-ils, plus vifs, plus agiles au sortir de l'incubateur que ceux qui ont grandi dans les bassins, et ils échappent plus aisément à leurs ennemis; ils passent de l'incubateur dans le ruisseau, la rivière, ou l'étang sans s'en apercevoir, puisque l'eau reste la même, tandis que les poissons élevés dans des

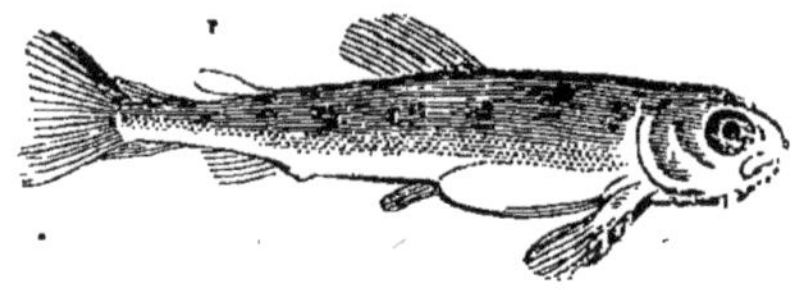

Grav. 37. — Truite après la résorption de la vésicule ombilicale.

bassins subissent les inconvénients d'une transition sensible; ils s'habituent à chercher une nourriture qui sera celle de toute leur vie et qui pour la qualité vaut probablement mieux que celle de nos piscifactures, tandis que les poissons de réservoir, soumis à un régime artificiel, doivent nécessairement souffrir du brusque changement que le régime naturel apporte dans leur manière de vivre; ils passent tout simplement de l'incubateur dans l'eau qui est appelée à les recevoir, tandis que les poissons de réservoir ont un transport à supporter; enfin, ils ne donnent aucun souci à l'éleveur et ne lui occasionnent pas de frais d'entretien comme le poisson mis aux bassins.

D'autres pisciculteurs ne se rendent pas à ce raisonnement. Ils pensent que de tout petits poissons ont plus d'ennemis à craindre que des poissons d'une certaine force, et ils disent avec Vogt que sur cent Truites écloses, il n'en reste, dans les circonstances ordinaires, qu'une à la fin de l'année. Ils ajoutent que dans les réservoirs alimentés par des sources d'eau vive, on n'a pas à craindre une perte semblable dans l'année, attendu que les jeunes y sont préservés des attaques des poissons voraces, étrangers à leur espèce, et des ravages de certains oiseaux destructeurs, tels que hérons, pluviers, bergeronnettes, canards, sarcelles, poules d'eau, etc, qu'il est plus facile d'éloigner des bassins spéciaux que des rivières et des étangs. — Les partisans de la prompte liberté répliquent qu'il pourrait bien y avoir de l'exagération dans le chiffre de Vogt, et que d'ailleurs la principale destruction a lieu dans l'intervalle qui s'écoule entre l'éclosion et la résorption de la vésicule ombilicale, non après cette résorption qui, pour eux, est la date de l'affranchissement.

Quoique l'on ait dit et que l'on puisse dire, on continue d'élever de jeunes poissons dans des bassins spéciaux appropriés à cet effet, et chaque espèce a le sien. Nous n'avons à nous occuper ni de la forme ni de l'étendue de ces réservoirs, car elles varient avec le caprice des éleveurs et l'espace dont ils disposent; l'important pour nous, c'est l'entretien des poissons élevés de la sorte! Or, il va de soi que le meilleur régime à leur offrir est celui qui se rapproche le plus de leur mode d'alimentation naturelle.

Les bassins destinés aux jeunes poissons qui vivent

6

de substances végétales et animales, offriront à leurs bords, de loin en loin, des touffes de plantes aquatiques, et l'on y jettera très-fréquemment de très-petits vers, toutes sortes de larves, de la mie de pain, du tourteau de chanvre, des pois cuits, et, avec cela, conseille-t-on encore, les insectes microscopiques des genres cyclops, cypris et cytherina qui abondent au printemps dans les eaux stagnantes.

Les bassins destinés aux espèces ichthyophages recevront, autant que possible, du frai et de l'alevin des poissons dont elles se nourrissent habituellement, ou bien à défaut de cela, du poisson blanc haché très menu, de la chair de veau, de cheval et de bœuf, cuite d'abord, puis hachée, ou même de la chair de grenouille desséchée et pulvérisée, ou du sang desséché et pulvérisé aussi.

Au Collége de France, on nourrit l'Anguille, la Truite, le Saumon, l'Ombre-Chevalier avec de la viande de bœuf ou de cheval bouillie et broyée dans un mortier.

« J'ai vu souvent ces petits poissons, raconte M. Victor Borie, se précipiter avec avidité sur les fragments excessivement ténus qu'on jetait dans le bassin. De cette façon, M. Coste est arrivé à faire grandir suffisamment dans un compartiment de $0^m,55$ de long sur $0^m,15$ de largeur et $0^m,08$ de profondeur, jusqu'à 2,000 Saumoneaux à la fois. »

« On donne la viande bouillie, ajoute-t-il, pendant les huit ou dix premiers jours. Ensuite, on leur distribue de petites boulettes de chair crue, pilée et hachée. Cette alimentation est préférable au foie de veau cuit et au sang de bœuf bouilli. A Huningue, les Truites et les Saumoneaux sont aussi nourris avec la chair crue et pilée des poissons blancs. »

Du transport des œufs de Poissons. — Nous aurons plus loin l'occasion de parler du transport de l'alevin, c'est-à-dire des jeunes poissons; en ce moment nous n'avons à vous entretenir que du transport des œufs. Ce sera l'affaire de quelques mots seulement.

On peut expédier des œufs de poissons aussitôt après leur fécondation, pouvu qu'il ne fasse pas trop chaud, que le voyage ne dure pas plus d'un jour et que l'emballage soit fait avec soin. On les expédie plus sûrement encore lorsque, selon l'expression de M. Coste, les yeux commencent à se montrer comme deux points noirs à travers la membrane de la coque.

On se sert pour ces expéditions de boîtes en sapin de dimensions variables; l'essentiel est qu'elles soient peu élevées; autrement les œufs du dessous auraient à souffrir du poids des couches supérieures. Pour emballer ces œufs, on prend le plus ordinairement de la mousse humide; on en forme un lit assez épais au fond de la boîte, et sur ce lit de mousse, on place les œufs très délicatement et de façon qu'ils ne se touchent point. On étend de la mousse par-dessus, puis des œufs, puis de la mousse, et ainsi, jusqu'à ce que la boîte soit pleine. Trois rangs d'œufs, quatre au plus suffisent; s'il n'y en avait que deux, les choses n'en vaudraient peut-être que mieux.

Ce qui précède s'applique surtout aux œufs de Truites, de Saumons et d'Ombres. Pour ce qui est des œufs de Perches, de Carpes, de Gardons, dont la coque offre peu de résistance, le transport n'est pas aussi facile, et l'on conseille de les placer avec quelques végétaux aquatiques dans un bocal aux trois quarts rempli d'eau. Pour ce qui est des œufs adhérents, le mieux est de mettre les herbes qui en sont chargées dans une caisse ou dans une bourriche, après les avoir enveloppés de mousse humide ou d'un linge mouillé.

Établissements ichthyogéniques d'eau douce. — Avant de traiter de l'éducation des poissons obtenus soit naturellement soit artificiellement, nous devons constater qu'un établissement ichthyogénique modèle a été créé près de Huningue en 1853 aux frais de l'état, sur la proposition de M. Coste. Cette piscifacture se trouve sur le territoire de Blotzheim, et à 5 kilomètres environ de l'ancienne forteresse de Huningue, où aboutit une branche du canal du Rhône au Rhin ; à 4 kilomètres de la station de St-Louis sur la ligne ferrée de Strasbourg à Bâle ; et à 8 kilomètres de cette dernière ville. La désignation d'*Établissement de Huningue* a été donnée et conservée, parce que dans le voisinage, c'est la seule ville française connue.

L'établissement en question se trouve constitué de la manière suivante, décrite dans une notice historique publiée par le Ministère de l'agriculture :

« Un enclos communal qui, après divers redressements du périmètre, occupe 39 hectares 56 ares, loués 2,410 francs 49 centimes par an pendant 18 ans à dater d'octobre 1852, avec la double faculté, déjà mentionnée, d'acquisition par voie d'expertise à une époque quelconque, et de résiliation du bail à l'issue de chaque période triennale. »

« Sur ce terrain existent des sources qui, depuis les derniers travaux d'aménagement, ont un débit moyen de 20 litres par seconde, à une température constante de 10 degrés centigrades. Ces sources, grevées d'une servitude pour les usages domestiques d'une partie de la commune, sont disposées de manière que cette servitude puisse s'exercer sans nuire à l'emploi des eaux dans la pisciculture. Une conduite souterraine en maçonnerie dirige les eaux les plus hautes vers les bâtiments, sans changement sensible de température, l'hiver comme l'été, tandis que celles qui surgissent à un niveau trop bas, sont employées dans de petits bassins et rigoles pour les essais d'élevage à l'extérieur.

« Une dérivation, munie en tête d'un double vannage, dans le premier bief de la branche de Huningue du canal du Rhône au Rhin, prend les eaux du fleuve et les amène aux bâtiments à un niveau de 1 mètre environ supérieur à celui des sources, ce qui permet de les utiliser soit directement dans des appareils ou des bassins, soit comme force motrice. Le volume ainsi puisé dans le Rhin, peut varier de 50 à 300 litres par seconde, et rentre dans le canal au sortir de l'enclos de la pisciculture. Ces eaux offrent l'inconvénient d'être très fréquemment troubles et de se congéler aisément dans les rigoles découvertes. En attendant qu'une conduite souterraine et des moyens de filtrage soient autorisés, on les fait passer à travers des bassins pour qu'elles y déposent une partie des matières en suspension. Elles sont en outre déversées dans quelques rigoles et locaux affectés aux essais d'élévage extérieur.

« Les eaux du ruisseau de l'Augraben, qui traverse diagonalement tous les terrains, et dont on avait cru pouvoir tirer un parti avantageux dans l'origine, ne sont que d'un très médiocre secours. Presqu'à sec en été; torrentiel et trouble à la suite des pluies, ce ruisseau n'a pu servir jusqu'à présent qu'à alimenter quelques bassins de faible capacité, pour l'alevinage extérieur.

« Les parties basses du sol qui formait autrefois l'un des bras du Rhin sont occupées par des eaux stagnantes, à niveau variable, que l'on a dû chercher à évacuer le plus possible par mesure de salubrité, au moyen de curages. Elles servent provisoirement de retraite aux grenouilles employées pour nourrir les alevins.

« Les bâtiments comprennent, savoir : Un grand édifice principal, commençé en 1853, terminé en 1856, puis restauré en 1859; sa longueur est de 48 mètres et sa largeur est de 11 mètres; deux hangars construits en 1858 et 1859, symétriquement posés d'équerre sur le précédent, à ses extrémités, ayant chacun 60 mètres de longueur et 9 mètres de largeur; en avant de ces hangars, deux maisons de garde élevées en 1859 à l'entrée principale et formant le quatrième côté du carré au centre duquel est une cour avec quelques plantations et deux petits bassins; derrière le bâtiment principal un hangar ajouté en 1858 et servant de magasin.

« Au milieu du bâtiment principal se trouve un pavillon, contenant au rez-de-chaussée : par devant, le laboratoire destiné aux opérations qui réclament des soins particuliers ou qui sont entreprises pour des expériences ; derrière, d'un côté le bureau des employés avec les archives et les collections, de l'autre une salle d'outils et de matériel, l'escalier entre ces deux pièces avec issue vers la cour postérieure. Au premier étage est situé le logement du régisseur. De part et d'autre du pavillon central, le bâtiment, sous forme de hangar largement éclairé, est surmonté aux deux extrémités d'un petit étage où logent le régisseur adjoint et l'explorateur. Dans le hangar, dont les ailes communiquent entre elles, au-dessous du pavillon du milieu, sont les appareils d'incubation. Les eaux de source entrent par un bout, parcourent trois rigoles maçonnées, en contre-bas du sol, et surmontées d'autres rigoles à hauteur d'appui. Les eaux du Rhin suivent l'une des faces longitudinales, à leur niveau naturel dans une rigole maçonnée, tandis que la face opposée est bordée d'auges en maçonnerie avec cascades. Des réservoirs contenant à une certaine hauteur les eaux de source permettent de les distribuer dans les rigoles supérieures. Tous les appareils d'incubation de ce bâtiment ont conservé le type primitif de rigoles à courant continu, mais dans lesquelles les œufs sont déposés sur des claies de baguettes de verre.

« Le bâtiment à droite, en retour sur l'édifice principal, est un grand appareil d'incubation. Les eaux de source y coulent dans trois rigoles maçonnées, en contre-bas du sol, et susceptibles de recevoir des claies. Ces rigoles sont surmontées, dans tout leur développement, d'appareils à cascades avec auges en poterie et claies semblables à ceux du collége de France. Des réservoirs supérieurs contiennent les eaux de source distribuées par des tuyaux et des robinets dans toutes les auges.

« A l'extrémité amont de ce bâtiment, sont posées deux petites turbines, mises en mouvement par les eaux du Rhin, et faisant marcher deux pompes qui montent les eaux de source dans les réservoirs.

« Les eaux du Rhin, conduites à leur niveau naturel dans une rigole maçonnée, longent l'une des faces intérieures du bâtiment de droite pour se rendre dans l'édifice principal et dans le bâtiment de gauche. Elles peuvent, à volonté, être dirigées sur les appareils d'éclosion, au cas où les eaux de source viendraient à manquer.

« Le bâtiment symétrique du précédent sur la gauche, a été construit pour recevoir simultanément des appareils d'incubation et des bassins maçonnés, pour les essais d'élevage par la stabulation dans de petits espaces, ainsi que pour les essais d'acclimatation des espèces étrangères exigeant des soins tout particuliers. On a placé à l'extrémité amont deux turbines avec pompes, servant tout à la fois à remplacer momentanément les turbines de droite, en cas de dérangement du mécanisme pendant la période des incubations, et à fournir une alimentation spéciale pous les bassins d'élevage.

« Les deux maisons de garde placées des deux côtés de l'entrée principale, ayant des dimensions analogues à celles des éclusiers des canaux, contiennent les logements de ces deux agents préposés à la surveillance de détail dans l'établissement, aidant aux récoltes et aux distributions au dehors.

« Le petit bâtiment économique, en arrière du bâtiment principal, renferme les approvisionnements relatifs au chauffage des ateliers et du bureau, et les ustensiles et matériaux de réparation et d'entretien.

« Divers petits bassins alimentés par les eaux de source, et dans lesquels on peut au besoin amener les eaux du Rhin et du ruisseau de l'Augraben, sont organisés à l'extérieur des bâtiments pour les essais d'élevage. D'autres bassins plus spacieux, où l'on avait proposé d'entretenir des poissons adultes, ne sont ni étanchés ni susceptibles d'être utilisés convenablement. Leur achèvement et leur alimentation forment l'une des dépenses ajournées.

« En terminant ici l'exposé relatif à la construction, il paraît essentiel d'insister sur cette considération, que les ouvrages exécutés dans le but de créer un vaste établissement unique pour la France ont été subordonnés à des circonstances et sujétions locales particulières. La position est excellente pour les approvisionnements à l'étranger, mais on y a rencontré des difficultés quant à l'aménagement et à la distribution des eaux, puis après quelques années, il a fallu étendre les bâtiments. Les plans conservent donc, dans leur ensemble, l'empreinte d'une conception prompte et des transformations inséparables d'une œuvre dans laquelle il y avait nécessairement beaucoup d'inconnu. Les bâtiments construits en 1858 et 1859, après une expérience de cinq années, se trouvent dans des conditions beaucoup plus satisfaisantes que l'édifice et les appareils primitifs, et lorsque le moment d'un second agrandissement arrivera, de nouveaux perfectionnements pourront encore être introduits. C'est la loi naturelle de toutes les industries qui se sont développées rapidement; et pour ne citer qu'un exemple dans la même administration, ne sait-on pas combien d'imprévu pour la superficie, la distribution des locaux et la dépense, ont présenté les premières gares des chemins de fer. »

Cet établissement a rendu déjà et continuera de rendre des services. Nous n'avons pas à nous occuper ici de l'organisation de son personnel, et à rechercher si, de ce côté, des réformes sont ou non nécessaires; pour nous, ceci est le tout petit côté de l'institution, et nous voulons l'envisager d'une manière plus large. Nous voyons le but à atteindre et ne demandons pas qu'on nous fasse des essais économiques. Les critiques mesquines et inintelligentes qui ont tué l'Institut agronomique de Versailles ne sont pas de notre goût, et nous n'entendons point les imiter. Nous sommes de ceux qui pensent que les grands résultats appellent souvent les grands sacrifices. L'établissement de Huningue n'a pas été fait pour gagner de l'argent; tout ce qu'on peut désirer de lui, c'est qu'il dépense utilement les sommes mises à sa disposition, qu'il fasse honnêtement les sacrifices nécessaires aux progrès de la pisciculture, sacrifices que ne peuvent pas toujours s'imposer les bourses particulières. Lui seul doit entreprendre les essais onéreux et s'exposer aux échecs. Nous l'imiterons dans les entreprises suivies de succès, et nous ne renouvellerons pas, à nos risques et périls, celles que de mauvais résultats auront condamnées. C'est en ceci que les établissements modèles de cette sorte peuvent rendre des services incontestables.

Le laboratoire piscicole du collége de France a son importance au même titre que celui de Huningue, et ne peut qu'aider à la vulgarisation de l'art qui nous occupe, en même temps qu'il facilite les recherches de la science.

Enfin, les piscifactures privées de M. le marquis de Vibraye, de M. le baron de Tocqueville et de M. le comte de Galbert à la Buisse ont rendu de grands services.

Établissement piscicole de M. le comte de Galbert (grav. 38). — Il a été décrit dans le *Journal d'Agriculture pratique*, par M. Victor Borie, et le mieux que nous puissions faire est de reproduire textuellement le travail de notre excellent confrère.

« Nous avons pu, dit M. Victor Borie, nous procurer des renseignements précis et circonstanciés sur un des établissements les plus importants de ce genre qui existent en France. Le plan parfaitement exact que nous publions et les détails dont il est ac-

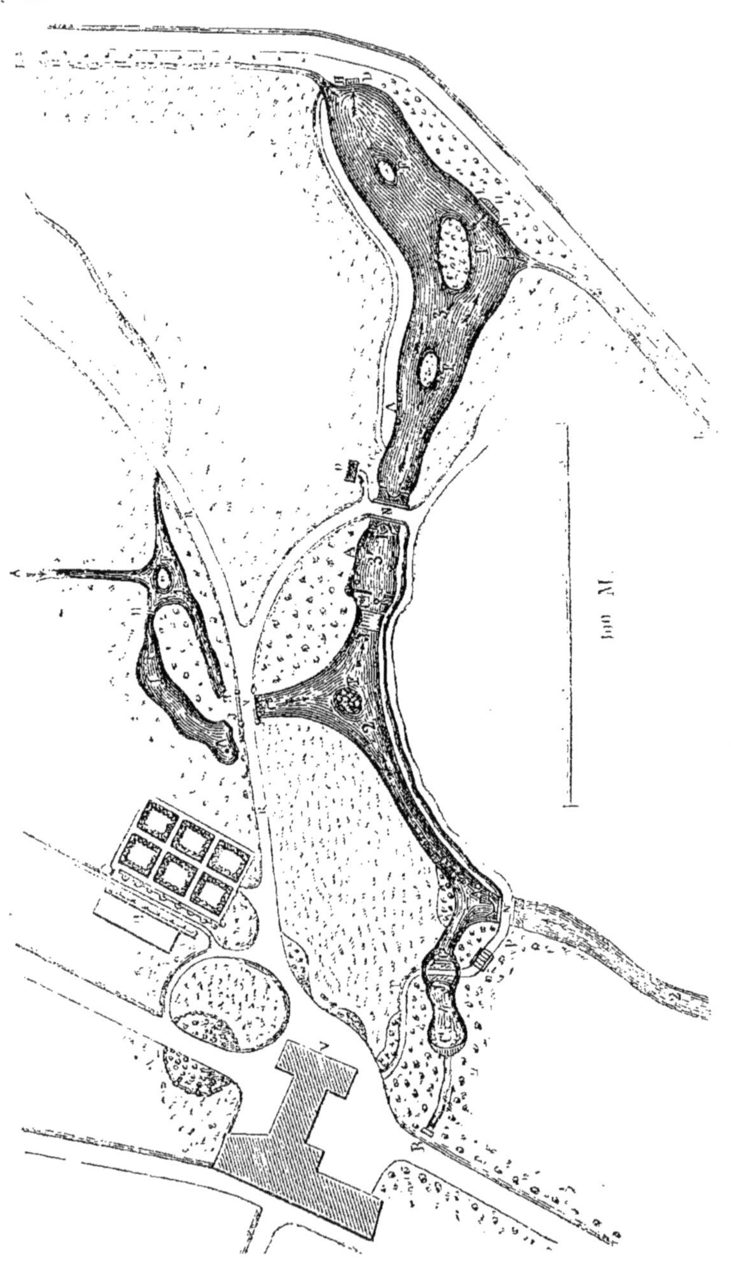

Grav. 38. — Établissement piscicole de la Buisse (Isère)

compagné, pourront être très-utiles à ceux de nos lecteurs qui auraient l'intention de tenter quelque chose, même sur une moindre échelle.

« L'établissement de M. de Galbert est situé à la Buisse, canton de Voiron (Isère). Le plan (grav. 38) reproduit l'ensemble des travaux importants et tout-à-fait remarquables que M. de Galbert a fait exécuter dans sa propriété.

« Voici d'abord la légende du plan :

1. Pièce d'eau de la première année.
1 *bis*. Ruisseau de la première année.
2. Pièce d'eau de la deuxième année.
2 *bis*. Pièce d'eau inachevée, destinée à aller chercher de nouvelles sources, ainsi que les eaux du village.
3. Pièce d'eau de la troisième année.
3 *bis*. Partie fermée par un grillage pour la conservation du poisson.
4. Réservoir pour la table et pépinière de reproducteurs.
A. Sources.
A 2. Source servant à l'éclosion artificielle.
B. Ruisseau du moulin.
B 2. Ruisseau amenant les eaux qui ont servi à l'irrigation des prairies ainsi que d'autres sources.
C 1 Cascade du ruisseau du moulin, haute de 4 mètres.
C 2. Cascade du réservoir, haute de 3m.50.
C 3. Cascade de la première pièce d'eau, haute de 0m.90.
C 4. Cascade de la deuxième pièce d'eau, haute de 2m.60.
D. Déversoirs.
E. Frayère artificielle pour la fécondation naturelle.
F. Iles plantées, suspendues sur des masses de tufs creux.
F *bis*. Ilots en tufs accidentés, à fleur d'eau.
G. Canal de ceinture en pierres creuses, communiquant avec la pièce d'eau par d'autres canaux, de deux mètres en deux mètres.
H. Arbres anciens servant à reconnaître l'ancien niveau des terres.
I. Grillages en mailles plus ou moins fines pour arrêter les migrations des Truites.
J. Vannes versant les eaux et le poisson dans le bassin inférieur.

K. Nasses en fer ou en bois pour la pêche, la fécondation artificielle et pour la destruction du poisson dangereux.
L. Nasse pour saisir le poisson à la remonte de l'Isère.
M. Citerne ou *bâche* pour la pêche.
N. Ponts de communication.
O. Pavillon où se trouvent les cuvettes et appareils d'éclosion.
P. Escalier et rampe.
Q. Fontaine jaillissante.
R. Chemins et promenades.
S. Massifs.
T. Jardin potager.
U. Ruines romaines.
V. Habitation.

« Le premier bassin n° 1 a environ 100 mètres de longueur sur une largeur de 3m.50 et une profondeur moyenne d'un mètre. Il est divisé en deux parties : la nappe d'eau et le ruisseau. Les deux parties sont séparées par une presqu'île; un grillage empêche la communication entre les poissons contenus dans les deux parties et arrête la descente aussi bien que la montée de l'alevin.

« La nappe d'eau est alimentée par des sources d'une température élevée, qui se déversent dans le ruisseau et tombent de là dans le bassin n° 2. Ce bassin a 150 mètres de longueur, une largeur moyenne de 8 mètres et une profondeur qui varie de 1 à 2 mètres. Il est non-seulement alimenté par les eaux du premier bassin, mais aussi par des sources et par un cours d'eau appelé *ruisseau du moulin* (B), dont la source sort en bouillonnant d'un rocher situé au plus à 200 mètres de distance. Ce bassin est destiné à contenir les poissons de la deuxième année; une vanne, placée dans la partie la plus profonde, permet de verser les eaux et de faire passer le poisson dans un troisième bassin. Des canaux en pierres brutes et des enrochements garnissent les bords, présentent d'utiles retraites aux poissons et facilitent la multiplication d'un grand nombre de coquillages, crevettes, écrevisses, etc. Ces bords accidentés forment des asiles que les poissons recherchent pour se mettre à l'abri.

« Le troisième bassin nº 3, d'une surface d'environ 50 ares sur une profondeur égale à celle du deuxième bassin, est entouré d'un canal souterrain en pierres creuses (G) dans toute sa longueur, mais sur la partie orientale seulement. De deux mètres en deux mètres, des tranchées garnies de pierres mal jointes, et qui ne sont point indiquées sur le plan, font communiquer le canal avec le bassin et permettent aux poissons de circuler dans ces voies souterraines où chaque pierre devient une retraite. Trois îles (F) suspendues sur des amas de rochers peuvent recevoir dans leurs crevasses submergées les Truites adultes.

« Ce bassin, dans sa partie la plus étroite, est traversé par un viaduc de 8 mètres (N), à la voûte duquel est adaptée une grille de fer avec des tringles à rainures pour recevoir une vanne ou une nasse (K).

« La vanne, formée de mailles fines, sert à tenir éloigné le poisson destructeur qui envahirait, à l'époque de l'éclosion, la frayère artificielle disposée pour la fécondation naturelle des Truites. Cette frayère est couverte d'une couche de gravier fin et rond de

0m.30 d'épaisseur, que la Truite peut soulever aisément au fur et à mesure qu'elle expulse ses œufs.

« La nasse arrête au passage les poissons que l'on destine à la fécondation artificielle, et les renferme sans les blesser; elle sert aussi à prendre le poisson destiné à la consommation et ceux qu'il est bon de détruire à cause de leur voracité, comme la Perche et le Brochet.

« Une vanne, placée dans la partie inférieure du troisième bassin, permet de le vider complètement; une grille scellée autour de la bonde arrête le poisson qui chercherait à s'échapper.

« Tous les bassins sont protégés contre les atteintes des maraudeurs par une double ligne de fil de fer galvanisé, reposant sur des pieux armés de crochets, placés assez bas pour permettre néanmoins le passage d'une barque.

« L'eau des bassins est déversée en dernier lieu dans l'Isère. Une nasse permanente permet au poisson étranger de pénétrer dans les bassins; au moment du frai, beaucoup de Truites viennent déposer leurs œufs dans ces eaux.

« Enfin un quatrième bassin nº 4, alimenté par le ruisseau du moulin (B), est employé à conserver accidentellement les grosses pièces destinées à la vente ou à l'usage de la maison. Pendant toute l'année, c'est dans ce réservoir que l'on dépose le poisson que prennent les filets ou les nasses dans le troisième bassin; aussi, quand arrive la saison du frai, il devient une vaste pépinière d'excellents reproducteurs.

« Un pavillon (O), construit près du pont (N) du

troisième bassin, sert de loge pour le garde et de cabinet à éclosion. Les appareils employés, à peu près semblables à ceux du Collége de France, sont alimentés par une fontaine d'eau vive. Un appareil particulier, placé dans une source dont la température élevée ne varie jamais, s'écarte un peu des autres modèles : ce sont tout simplement des boîtes en zinc percées de trous très-fins. Cet appareil, qui fonctionne depuis trois ans, a donné d'excellents résultats.

« Tels sont les travaux remarquables que M. de Galbert a fait exécuter avec un soin et une sollicitude qui assurent à ces opérations un succès continu.

« Au Collége de France, nous avons pu admirer la pisciculture à l'état expérimental, organisée et dirigée par la science. A la Buisse, la pisciculture est passée de la théorie à la pratique; elle est devenue une grande et féconde industrie. »

Nous ajouterons que l'établissement de la Buisse peut mettre à la disposition des amateurs 40 à 50,000 alevins de Truites par an, au prix de cinq centimes pièce. On pourrait doubler et tripler ce chiffre.

M. de Galbert, à qui nous demandions son opinion sur l'avenir industriel des piscifactures, nous répondait en 1863 : « — La situation et les débouchés importent certainement, mais importent peu. Les chemins de fer ont rapproché toutes les distances. Partout où il y aura eaux pures, abondantes, surveillance et intelligence, il y aura produits. Dans le voisinage d'une grande ville où l'on pourrait se procurer à bas prix des viandes d'animaux abattus, des débris de boucherie, la pisciculture devrait largement indemniser le propriétaire d'un cours d'eau ou de bassins propres à la Truite. J'en ai répété l'expérience et j'eusse continué l'opération très-rémunératoire si j'avais pu rester continuellement à la campagne. »

Établissement du parc d'Alivet. — Nous avons reçu sur cette piscifacture les renseignements suivants :

« Feu M. Alexandre de Mortillet possédait le parc d'Alivet, commune de Renage (Isère). Ce parc est traversé dans le bas par la petite rivière de la Fure qui y forme une belle pièce d'eau. Dans le haut se trouvent de magnifiques sources. C'est là qu'il s'est adonné à l'éducation de la Truite. Il ne s'est point servi de la fécondation artificielle, il a tout simplement utilisé la population naturelle de la rivière. L'eau entre dans le parc presque sans aucune pente ; elle en sort en formant de hautes cascades. Les Truites ayant une tendance à remonter le courant, surtout quand il y a chute d'eau, la sortie est laissée libre. Quant à l'entrée, on l'a fermée au moyen d'une cloison à jour faite avec de petits liteaux en bois, très-rapprochés. Ces liteaux sont triangulaires. Les bases des triangles sont tournées du côté de l'intérieur du parc ; les sommets du côté extérieur. Par suite de cette disposition, les jeunes poissons qui veulent sortir vont se heurter contre le bois ou tout au moins contre les angles de la base, tandis que les individus qui se trouvent à l'extérieur s'engagent facilement dans l'espace conique laissé libre entre les sommets et pénètrent dans la pièce d'eau du parc.

« Les Truites pêchées dans la grande pièce d'eau formée par la Fure étaient triées, et puis suivant leur volume, parquées dans des bassins spéciaux alimentés par les sources fraîches et vives de la partie supérieure du parc. Elles prenaient dans ces bassins un développement rapide et surtout s'amélioraient beaucoup en se saumonant de la manière la plus complète pendant plusieurs mois.

« La Fure, à Rives, en amont du parc d'Alivet, met en mouvement les mécanismes de plusieurs papeteries. L'introduction du chlore dans le blanchîment des pâtes à papier nuisit beaucoup au développement naturel des Truites dans la rivière. La population de la pièce d'eau d'Alivet diminua très-rapidement. Pour rémédier à cet inconvénient, M. de Mortillet coupa sa pièce d'eau en deux, au moyen d'une jetée longitudinale partant du point d'entrée de la rivière et se prolongeant jusqu'à peu de distance de sa sortie (grav. 39). L'eau de la Fure coule ainsi le long de la jetée d'un seul côté de la pièce d'eau, tandis que l'autre côté alimenté par les sources du parc, offre un asile excellent aux Truites. Cette précaution fut couronnée du plus complet succès. Les Truites se réfugièrent en abondance dans la partie de la pièce d'eau protégée, et leur pêche devint plus abondante que jamais.

« M. de Mortillet, par cette culture intelligente des Truites, parvint à un résultat industriel très avantageux. Non seulement, il en consommait abondam-

Grav. 39. — Système de bassin employé à l'établissement d'Alivet.

ment, il en donnait à tous ses amis, mais il pouvait encore en vendre en très grand nombre. Il avait entre autres un marché avec un restaurateur de Grenoble. Il lui fournissait 20 kilos de Truites par semaine au prix de 4 francs le kilo.

« Inutile d'ajouter qu'un des soins les plus indispensables est de faire la guerre la plus active aux ennemis du poisson, surtout aux loutres et aux rats d'eau. »

CHAPITRE IV

DE L'ÉLEVAGE DES POISSONS D'EAU DOUCE

Nous savons comment les poissons se reproduisent, et nous savons aussi comment l'on doit s'y prendre pour aider à leur multiplication ; mais le tout n'est pas d'avoir les petits ; il s'agit encore de les élever comme il faut et de favoriser leur développement.

Le procédé le plus simple consiste naturellement à les abandonner aux fleuves, rivières et ruisseaux, dont les eaux leur conviennent le mieux. Or, d'après ce que nous avons dit des habitudes et des préférences de chaque espèce en particulier, plus rien ne doit nous embarrasser sérieusement de ce côté-là. Nous n'irons pas élever des Carpes et des Tanches dans les eaux froides des terrains de montagnes, et nous n'élèverons pas davantage les Ombres, les Truites et même les Perches dans des eaux presque tièdes à force d'être douces.

Malheureusement, il n'y a point à compter sur l'initiative individuelle pour le peuplement ou le repeuplement des cours d'eau ; nul n'est disposé à faire les frais d'un semis quand on n'est pas sûr d'engranger la récolte, et c'est le cas où nous sommes avec nos cours d'eau à empoissonner. Il peut se rencontrer sans doute, de loin en loin, des hommes dévoués à la pisciculture et capables de quelques sacrifices, mais le mieux est de ne pas les chercher. On pourrait y dépenser beaucoup de temps en pure perte. C'est à l'État, aux départements et aux communes à entreprendre cette utile besogne et à en assurer les résultats par des mesures intelligentes et sérieusement protectrices.

Interdire la pêche à l'époque de la frayée ; l'interdire même pendant une année ou deux à la suite des sécheresses prolongées qui tarissent les sources et boivent en grande partie l'eau de nos petites rivières et de nos ruisseaux ; ne point permettre l'épuisement des trous de refuge, au moyen de barrages et de seaux ; ménager des talus sur les bords ainsi que des touffes d'herbes aquatiques, etc., etc ; voilà quelques unes des mesures raisonnables qu'il est permis de désirer ou qui ne doivent pas rester à l'état de lettres mortes dans la loi. On ruine les rivières et les ruisseaux parce qu'ils sont le bien de tout le monde et que ce bien là a été de tout temps et sera vraisemblablement toujours le plus mal soigné de tous les biens. Avec les fleuves et les grosses rivières, nous sommes moins en souci ; là, les poissons ont de l'espace, et le nombre de ceux que l'on prend n'est pas à comparer au nombre de ceux qui échappent aux pêcheurs.

Nous le répétons, en ce qui regarde les cours d'eau, grands ou petits, il n'y a rien à attendre de l'initiative individuelle; le soin de les peupler et de protéger les populations aquatiques appartient à l'administration. Mais en ce qui regarde les étangs et viviers, l'intérêt personnel se trouve plus directement engagé. C'est donc le mode d'élevage qui nous promet le plus de succès.

Les *étangs* et les *viviers* sont pour nos poissons ce que sont les embouches et les étables pour les bestiaux de nos cultivateurs. C'est là que nous devons entretenir et engraisser nos élèves. Prenons donc tout de suite nos dispositions pour établir le mieux possible les étangs et viviers en question.

Étangs. — En premier lieu, c'est de l'eau qu'il nous faut, de l'eau qui nécessairement soit de bonne qualité et en quantité suffisante. Pour ce qui est de celle destinée à remplir l'étang ou le vivier, il est évident que si nous pouvons l'amener de rivières ou de ruisseaux poissonneux, elle conviendra sûrement à l'élevage de toutes les espèces qui habitent ces rivières ou ces ruisseaux, et sans doute aussi à d'autres espèces voisines susceptibles de s'accoutumer au même régime. Si, au contraire, les cours d'eau qui s'offrent à nous n'étaient pas du tout poissonneux, il serait prudent, avant de s'en servir, de rechercher la cause de cette absence de poissons, de se demander si l'eau contient des principes nuisibles, et le mieux en pareil cas serait de l'essayer, d'en amener une certaine quantité dans un réservoir d'épreuve, d'y mettre quelques poissons et d'attendre une quinzaine de jours. Si, pour une raison quelconque, n'importe laquelle, l'eau ne valait rien, on ne tarderait pas à s'en apercevoir. Le poisson perdrait de sa vivacité, se rapprocherait de la surface et finirait par périr. Si l'eau était bonne, le poisson conserverait sa vivacité et se tiendrait au fond du réservoir.

On fera bien aussi de soumettre les poissons à la même épreuve dans les eaux de source.

Quant à l'eau de pluie, personne ne doute de ses excellentes qualités, mais à ne compter que sur elle, on court des risques. On aura beau se bien renseigner sur la moyenne des eaux pluviales qui tombent annuellement dans une contrée, des sécheresses persistantes et exceptionnelles pourront mettre l'étang à nu, au moins sur sa plus grande étendue et développer des miasmes dont nos populations rurales connaissent les tristes effets. La santé des gens et l'entreprise piscicole seront compromises du même coup. Pour diminuer les inconvénients de cette nature, il convient de n'établir en pareil cas que de petits étangs et de leur donner une profondeur assez considérable. En diminuant les surfaces, on diminue l'évaporation ; en augmentant la profondeur, l'assèchement en est moins à craindre.

Les eaux qui, avant d'arriver aux étangs, parcourent des forêts et des masses de détritus végétaux par conséquent, deviennent plus ou moins acides, et laissent beaucoup à désirer. Les poissons y vivent sans doute tant bien que mal, mais ils ne s'y multiplient pas, ne s'y développent pas comme on pourrait le désirer. Celles qui viennent des tourbières sont également médiocres.

Les eaux qui, en se rendant dans les étangs, reçoivent les égoûts de terres bien cultivées, sont bonnes nécessairement, mais elles ont le défaut capital d'envaser trop vite ces étangs, et il convient de les faire passer par un réservoir de transition, où elles forment d'abord un dépôt que l'on enlève de temps à autre et qui a valeur d'excellent engrais.

Les eaux qui ruissèlent sur des pâturages en pente, sur des terres gazonnées, sur des prairies fréquentées par le bétail, sont les meilleures de toutes : 1° parce qu'elles n'entraînent pas de terre avec elles ; 2° parce qu'elles apportent des matières excrémentitielles, pleines d'œufs d'insectes ou de larves très recherchés des poissons.

La certitude même d'avoir une eau irréprochable à tous égards ne saurait suffire au pisciculteur ; il faut encore, avec cela, que la nature du terrain et sa disposition naturelle ne s'opposent pas à la formation de l'étang. Un sol tout-à-fait plat ne convient pas plus qu'un sous-sol très-perméable à l'eau. S'il fallait creuser à bras d'hommes l'espace destiné à l'élevage du poisson et fabriquer, à bras d'hommes aussi, un fond qui ne laissât point perdre l'eau, le jeu comme l'on dit, ne vaudrait pas la chandelle.

Le plus habituellement, la nature s'est chargée des trois quarts de la besogne. Elle nous offre des replis de terrain, des situations vallonnées, des réservoirs tout ébauchés, et avec cela des sous-sols qui avalent un peu d'eau d'abord, comme l'éponge vide, mais qui finissent bientôt par n'en plus prendre, comme l'éponge pleine. Il ne nous reste plus à nous autres que le souci de niveler, de prendre nos mesures pour que la différence de niveau entre la queue et la tête de l'étang soit de 2 à 3 mètres. Nous appelons *queue* de l'étang le point par où l'eau y arrive, et *tête* de l'étang celui où on l'arrête au moyen d'une chaussée.

Pour qu'à la tête de l'étang, c'est-à-dire près de la chaussée, il y ait constamment de 2 à 3 mètres d'eau, il faut évidemment que la pente du terrain soit plus rapide avec les petits étangs qu'avec les étangs d'une grande étendue.

Dans le cas où la pente naturelle serait trop rapide, rien n'empêcherait de tirer parti de la situation en plaçant plusieurs petits étangs à la suite l'un de l'autre. On devrait forcément, dans la circonstance, multiplier les chaussées et parconséquent les frais d'établissement et d'entretien, mais nous dirons à titre de consolation que les petits étangs ont un avantage reconnu sur les grands, celui d'être plus productifs à surface égale; autrement dit, par exemple, deux étangs de deux hectares chacun produiront plus qu'un seul étang de quatre hectares. Pourquoi cela? Nous n'en savons rien. C'est un fait que la pratique nous donne et que nous vous transmettons purement et simplement. On pourrait rappeler à ce propos que les hommes et les animaux accumulés sur un même point, dans une seule pièce, sont aussi dans des conditions plus défavorables que lorsqu'ils se trouvent répartis dans plusieurs compartiments distincts, bien qu'ils n'y soient ni plus à leur aise, ni plus à l'étroit que dans la pièce d'une seule venue. C'est là un problême qui regarde l'hygiène et que nous n'avons point à examiner.

Construction des étangs (grav. 40). — Nous supposons que le lieu propre à l'établissement de notre pièce d'eau soit trouvé, que nous ayons sous la main un terrain pentueux, limité de chaque côté, dans le sens de la largeur, par des ondulations ou de petits coteaux; que nous reste-t-il à faire? Un nivellement d'abord, puis un fossé pour amener l'eau de la queue de l'étang sur toute la longueur de cet étang; puis une digue pour empêcher cette eau d'aller au-delà de la limite que nous lui assignons, et enfin un trou dans le voisinage de la digue en question, trou de 5 à 10 mètres de diamètre, selon le plus ou le moins d'étendue de l'étang projeté, et de 80 cent. à un mètre de profondeur. On ouvrira ce bassin à cheval sur le fossé ou par côté selon les cas. Le fossé F qui prend l'eau un peu au-dessus de la queue de l'étang, dans le ruisseau ou la rivière R, ou à n'importe quelle source, se nomme *bief* et doit avoir environ 50 centimètres de profondeur. Le trou T que nous figurons en demi-cercle sur le bief est la *pêcherie* de l'étang. C'est là que se rassemble le poisson lorsqu'on vide la pièce d'eau. La digue que nous indiquons en B, et qui doit être à 2 mètres ou 2 mètres 50 de la pêcherie, se nomme *chaussée* de l'étang. Quelquefois enfin, un large canal de ceinture C enveloppe l'étang, en prévision des crues su-

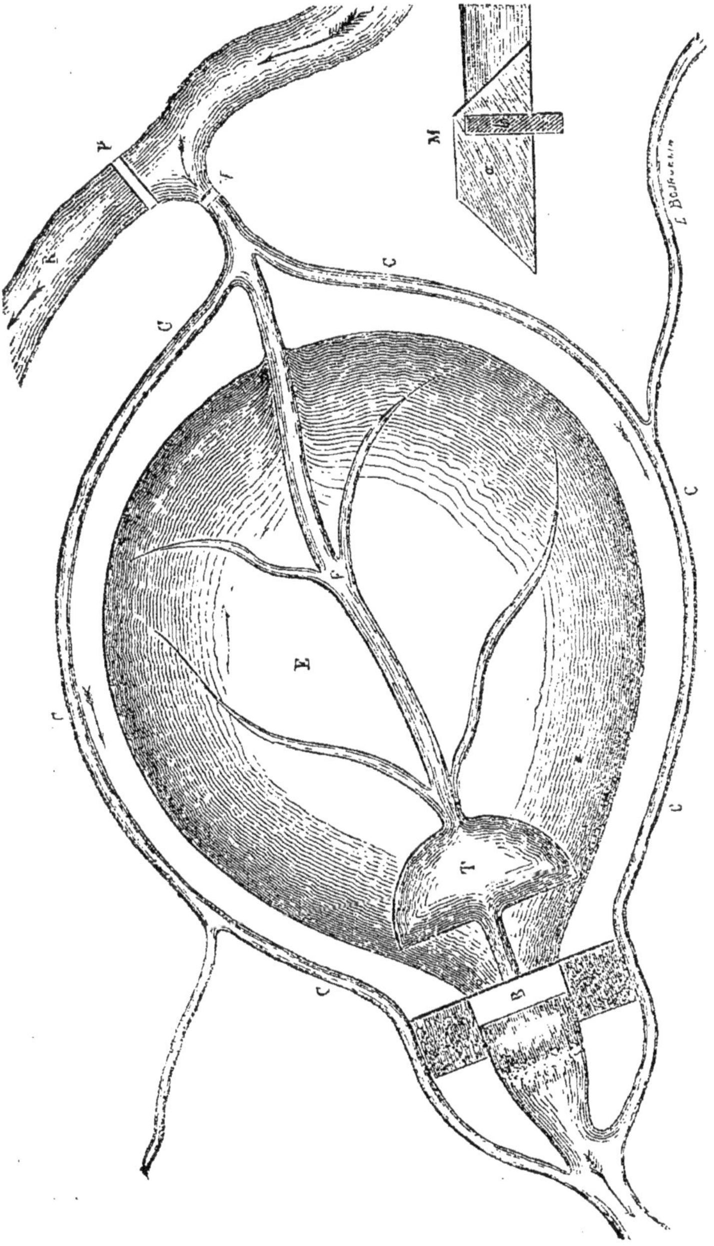

Grav. 40. — Étang.

bites; le trop plein y tombe avec les poissons qui peuvent s'échapper.

La chaussée est la partie la plus importante de l'étang, et son importance est en raison de la masse d'eau qu'elle est appelée à contenir et des secousses qu'elle peut recevoir des vagues soulevées. Si les vents dominants soufflent dans la direction de la queue à la tête de l'étang, la force de résistance de la tranchée doit être bien plus considérable que s'ils soufflaient dans le sens contraire ou dans le sens transversal. Le plus habituellement, on se sert, pour élever cette chaussée, des terres extraites du bief et de la pêcherie que l'on double du côté de l'eau avec une sorte de mur en argile battue, et que l'on soutient extérieurement avec des fagots d'épines maintenus par des pieux dans une position inclinée, ou bien par une muraille en pierre également inclinée, lorsqu'il s'agit de soutenir des terres peu compactes. Il va sans dire que les fondations de la chaussée doivent être solidement assises sur la terre ferme, que le tassement des matériaux doit être énergique, car la moindre fuite d'eau la détruirait promptement. On calcule la hauteur de la chaussée en question M de manière à ce qu'elle dépasse d'environ 50 centimètres celle que peuvent atteindre les plus grandes eaux. Sa largeur à la base doit être triple de la hauteur, et sa largeur au sommet égale à sa hauteur. En admettant par exemple que l'on donne 4 mètres d'élévation à la chaussée, sa largeur à la base aura 12 mètres, et sa largeur au sommet 4 mètres.

A l'extrémité inférieure du bief et de niveau avec la

pêcherie, on pratique dans la digue de l'étang une ouverture destinée à l'évacuation des eaux de cet étang quand vient le moment de le pêcher ou de le mettre en culture. Cette ouverture A est quelquefois murée avec des pierres de taille ou des briques, mais plus ordinairement on la fait avec des pièces de bois bien choisies et fixées avec le plus grand soin. Les dimensions de cette ouverture qu'on nomme *bachasse* sont établies de façon que toute l'eau de l'étang soit débitée en deux ou trois jours (grav. 41). On ferme et on

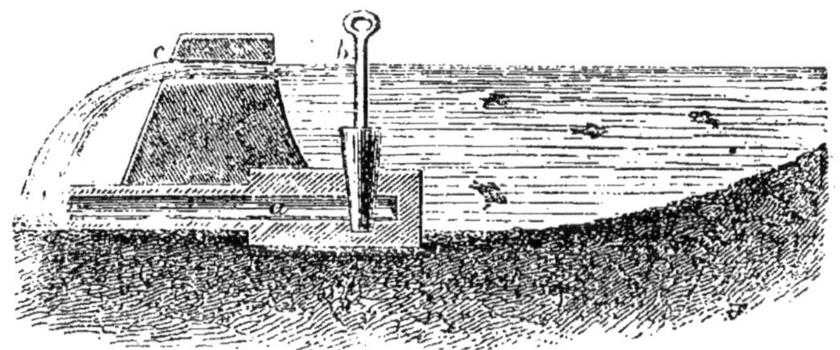

Grav. 41. — Bonde de vidange de l'étang.

ouvre à volonté ce canal au moyen d'une *bonde* en bois *b* ou d'un *bouchon* en pierre, mais on s'accorde à préférer la bonde en bois, parce qu'elle est d'une manœuvre plus facile. Elle porte un anneau à son sommet, et quand on veut ouvrir, on passe un crochet dans l'anneau pour soulever la bonde.

Indépendamment de ce canal qui ne sert que pour effectuer la pêche, on ouvre encore dans la chaussée, à sa partie supérieure et au niveau de la hauteur ordinaire de l'eau de l'étang, des *canaux de sortie c* encadrés de maçonnerie et munis de grilles en bois ou en fer destinées à empêcher la fuite des poissons. Ces canaux de sortie ont pour objet de maintenir la régularité du niveau de l'étang et de livrer passage à l'excès d'eau en temps de crue. On n'en limite pas le nombre qui peut varier avec la longueur de la chaussée, mais il est rare qu'il y en ait plus de deux par étang de 4 à 5 hectares. La pression exercée par l'eau contre les grilles est assez forte pour qu'on doive les former avec de forts barreaux placés diagonalement de manière à ne présenter que des angles au courant (grav. 42).

Grav. 42. — Canal de trop plein de l'étang.

De la mise sous eau. — Un délai de quelques mois entre l'achèvement des travaux et l'introduction de l'eau est de rigueur. Il faut donner aux terres rapportées le temps de se tasser et de se gazonner un peu. Après cela, on amène l'eau par la grille du bief, en queue de l'étang, non pas rapidement, mais peu à peu, graduellement, jusqu'à ce que le niveau que l'on se propose d'établir soit atteint et même dépassé si c'est possible. Il s'agit d'éprouver les constructions, de voir si la digue garde bien l'eau, si la bonde ferme bien, si les canaux de sortie fonctionnent bien. Dans le cas où l'on observerait quelques défauts, on viderait l'étang pour les réparer en toute hâte, puis on y remettrait l'eau et l'on attendrait prudemment trois ou quatre semaines avant de l'empoissonner.

Mais alors même que les choses iraient au mieux du premier coup, il conviendrait de mettre l'étang à sec, afin de savoir au juste combien il faut de temps pour cela. Ce procédé n'est pas du tout scientifique, mais en retour, il a le mérite de l'exactitude, et c'est à considérer.

De l'empoissonnement des étangs. — En pisciculture, un unique étang, vaste ou restreint, dans lequel on jette à un moment donné de l'alevin de Carpe, de Carassin, de Tanche, quelques aiguillettes de Brochet et quelques Anguilles, ne signifie absolument rien. Il n'y a pas plus de mérite à élever le poisson de cette façon-là qu'à l'élever dans une rivière; c'est une vieille méthode à la portée des intelligences les plus primitives. Avec elle, le hasard joue le grand rôle; on ensemence, et après cela, au petit bonheur! tant mieux si ça réussit, tant pis si ça ne réussit pas.

Ce n'est pas ainsi que nous entendons les choses. Un étang ne nous suffit point, il nous en faut plusieurs, au moins trois à la file l'un de l'autre. Si nous ne pouvons pas les avoir grands, ayons-les petits. En pisciculture pas plus qu'en agriculture, nous ne sommes les adorateurs de l'immensité; l'essentiel, à nos yeux, c'est que les opérations soient bien conduites, ne le fûssent-elles que sur quelques mètres seulement en long ou en large. Les succès sérieux en ce qui concerne l'élevage du poisson, reposent sur l'aménagement bien entendu des étangs. Or, l'aménagement régulier consiste à répartir ce poisson par ordre d'âge dans une série de réservoirs ou de pièces d'eau. Il faut un étang pour l'éclosion et la production de la *feuille*, au moins en ce qui regarde les Cyprins. — Par *feuille* nous entendons l'alevin jusqu'à un an, par exemple de jeunes Carpes de 4 à 6 centimètres et même davantage. Il faut un second étang pour amener la feuille à l'état de véritable *alevin*, et le développer pendant un an ou deux, jusqu'à 15 ou 16 centimètres. Il en faut un troisième pour loger les Carpillons et les élever définitivement pour la consommation et pour la vente.

L'étang destiné à la production de la feuille doit être le plus petit des trois et le moins profond. Il sera bien exposé au soleil et abrité autant que possible contre les vents dominants, et ceux du Nord par des collines ou des rideaux d'arbres. Il y aura des herbes sur les bords, de la vase au fond, et l'on s'arrangera de façon à maintenir l'eau à un niveau constant et à empêcher le bétail de pâturer dans le proche voisinage au moment de la frayée. On mettra dans cette petite pièce d'eau, d'après le conseil de M. Koltz, cinq ou six Carpes femelles et autant de Carpes mâles pour chaque hectare de superficie en eau, soit en novembre, soit en avril, et l'on aura soin, à cet effet, de choisir « de belles Carpes, sans défauts, ayant le corps élancé, le dos arqué et dont l'âge ne dépasse pas cinq ou six ans. » On comprend que si nous avions à opérer sur des Truites ou des Anguilles, nous n'aurions pas besoin du petit étang en question, puisque nous fabriquons plus sûrement les Truites à domicile par voie de fécondation artificielle et que nous achetons les Anguilles à la mesure au moment de la montée. Dans des conditions avantageuses, chaque Carpe produira de 4 à 500 Carpillons propres à passer l'année d'ensuite ou dès l'automne dans le second étang, et mesurant de 3 à 12 centimètres. Cette seconde pièce d'eau, destinée à faire de l'alevin pour l'empoissonnement définitif, sera plus étendue que la première et plus profonde; elle aura de 60 centimètres à 1 mètre vers la digue; des eaux assez fraiches et se renouvelant bien, une situation découverte, des herbes aux rives, des bestiaux paissant tout près de là, seront avantageux à l'élevage de l'alevin. 20 pour 100 de ces Carpillons selon les uns, près de la moitié selon les autres, périront accidentellement ou de mort naturelle dans le courant de l'année, mais ceux qui survivront auront le plus ordinairement de 15 à 20 centimètres de longueur et souvent plus. On pourra dès l'automne ou au printemps de l'année suivante se servir de ces Carpes de deux ans pour empoissonner le troisième étang. C'est ce que l'on fait assez habituellement; toutefois il faut constater que ceci n'est pas de règle absolue et que beaucoup d'éleveurs laissent deux et même trois ans le jeune poisson dans le second étang avant de le déplacer. S'il y avait lieu de se plaindre beaucoup de cette manière de procéder, il y a longtemps qu'elle serait condamnée. Elle ne l'est pas; donc elle peut avoir sa raison d'être, au moins dans certaines localités. L'important au milieu de cette question de temps et d'âge est que l'on sache bien que les jeunes Carpes d'empoissonnage ne doivent pas avoir moins de 15 centimètres.

Le troisième étang sera comme les précédents bien exposé et bien abrité contre les vents froids, si c'est possible. Le fond en sera vaseux; les bords ne porteront pas de grands arbres, mais seulement des arbustes ou des arbrisseaux, de l'osier, par exemple. L'eau qu'on y amènera sera aussi douce que possible, et vaudra d'autant mieux que des égoûts de pâturages et de champs cultivés viendront s'y joindre en plus grande quantité.

Nous avons dit déjà en parlant de la Carpe que, selon M. Koltz, il suffit la plupart du temps de 100 à 150 pièces de 16 centimètres de longueur par hectare du troisième étang et jusqu'à 8 hectares, et qu'au delà de cette étendue, on devait porter le chiffre à 200 et 250 Carpes par hectare. D'autres pisciculteurs très-autorisés parlent de 5 et 600.

Un point sur lequel il y a désaccord est celui de savoir s'il est utile ou nuisible d'adjoindre d'autres espèces de poissons aux Carpes communes. Ceux-ci pensent qu'on peut mettre dix *aiguillettes* de Brochet par hectare, parmi les alevins de Carpes et 5 pour 100 de ces mêmes aiguillettes dans le troisième étang réservé aux grosses Carpes. Ces jeunes Brochets sont alors trop petits pour devenir nuisibles, ils ne s'attaquent qu'aux feuilles sans valeur qui, en grandissant, contrarieraient le développement des pièces principales. Ceux-là au contraire demandent que le Brochet soit impitoyablement proscrit des étangs à Carpes, et élevés séparément. Pour ce qui est du Carassin et de la Tanche, on peut très-bien les adjoindre à la Carpe commune. La Perche est exclue à cause de ses habitudes carnassières; on ne se soucie pas non plus de l'Anguille qui a la réputation de percer la chaussée des étangs pour s'en échapper.

Entretien des Étangs. — Les étangs exigent une grande surveillance. Après les fortes pluies et les fortes crues, il convient de visiter la chaussée et de s'assurer qu'il n'y a de fuite nulle part. En hiver, on trouera la glace et l'on bouchera les trous avec un tampon de paille qui assurera la circulation de l'air et le bien-être du poisson. En été, on tiendra les herbes courtes, afin que les ennemis du poisson ne s'y réfugient pas avec trop de sécurité; on se méfiera des taupes qui peuvent ouvrir des galeries dans la chaussée; enfin, à la suite des orages accompagnés de tonnerre, on aura soin d'examiner la surface de l'étang, et si vers les bords on remarque quelque chose de blanchâtre comme du salpêtre, il est à craindre que la foudre y ait commis des ravages; le mieux alors est de lâcher l'eau en partie, et de sauver le plus qu'on pourra de poissons tués.

Pêche des Étangs. — Il n'y a pas de règle fixe

quant à la pêche des Étangs, les uns pêchent tous les ans, les autres tous les deux ans, quelques uns tous les trois ans, selon que l'on croit avoir intérêt à se hâter ou à ne point se presser; c'est comme avec le bétail. Nous avons des cultivateurs qui vendent les veaux, tandis que nous en avons qui les développent chez eux, en font des vaches ou des bœufs, et ne les livrent au boucher qu'au bout de plusieurs années. En pisciculture, il est clair que celui qui pêche tous les ans vend plus de petites Carpes que de grosses, et que celui qui attend la fin de la troisième année en vend plus de grosses que de petites. Il est clair aussi que celui qui a empoissonné son étang avec de l'alevin de trois ans peut se dispenser d'y laisser ses Carpes aussi longtemps que celui qui l'a empoissonné avec de l'alevin de deux ans. Nous n'avons donc rien à reprendre dans des usages locaux qui varient d'une contrée à la contrée voisine, et qui doivent avoir leur raison d'être. Nous nous contentons de rappeler, pour ce qui concerne les Carpes, que si elles donnent du bénéfice jusqu'à cinq ou six ans, elles constituent le pisciculteur en perte dans un âge plus avancé.

C'est le plus ordinairement du commencement de novembre à la fin de mars, par un temps frais et même froid, et de grand matin, que l'on pêche les étangs. A cet effet, deux ou trois jours au plus avant le jour fixé, on enlève bondes et vannes, on ouvre les grilles de décharge, et l'on assure à l'eau un écoulement régulier et peu rapide. Quand il ne reste plus d'eau que dans la pêcherie et le bief, où le poisson s'est réfugié et se trouve retenu par des filets et des barrages momentanés, on le prend à l'aide de trubles et même avec la main; puis après l'avoir pesé ou compté, selon les conditions stipulées, on le met dans des tonnes remplies d'eau pour l'expédier à destination. On change cette eau deux ou trois fois dans l'espace de douze heures. « En général, lisons-nous dans le *Dictionnaire d'Agriculture pratique,* moins on met de poissons dans la tonne, mieux il se comporte; on doit aussi, autant que faire se peut, ne voyager que la nuit (ou de très-grand matin) et par un temps frais. Lorsqu'on fait dégorger l'eau, il est bon d'agiter doucement le poisson avec un bâton, afin d'enlever l'enduit visqueux qui le recouvre, car il est arrivé quelquefois que cet enduit agglutine les ouïes contre la tête, et le poisson meurt parce qu'il ne peut plus respirer. Dans quelques pays, on transporte les Carpes en les plaçant sur des lits de paille, mais ce moyen est bien inférieur au précédent, et il arrive presque toujours, à moins de circonstances très-favorables, que la plus grande partie périt en route. On a remarqué que les femelles supportaient mieux le voyage que les mâles; aussi certains marchands les préfèrent-ils, quoique la chair des derniers soit plus estimée, et que sur les marchés ils se vendent toujours un peu plus cher. »

Nous ajouterons à ce qui précède que, pour le transport du poisson, le vent du nord et la sécheresse sont des conditions très-favorables, tandis que les temps de pluie sont désastreux. Le baromètre est donc appelé à fournir des indications utiles aux pisciculteurs.

Quand l'on a affaire à des étangs qui vont être remis sous eau aussitôt après la pêche, ce qui arrive avec ceux qui alimentent des usines, on recommande très-expressément de n'y oublier aucun gros poisson, car sans cela le repeuplement pourrait en souffrir. Mais ce qu'il est aisé de recommander est parfois difficile à exécuter, surtout lorsqu'il se rencontre dans ces étangs des Anguilles et des Tanches, qui ne manquent pas de plonger dans la boue et de s'y dissimuler de leur mieux. En pareil cas, il faut les traquer en piétinant rigoureusement cette boue à pieds nus, et à mesure qu'on les déloge, on les saisit à la main.

Culture des Étangs. — Les étangs qui ont servi deux et mieux trois et quatre années de suite à élever du poisson, servent après cela deux ou trois et quatre autres années de suite aux besoins de l'agriculture. Nous avons eu l'occasion déjà de dire quelques mots de cette nouvelle destination, et nous n'avons qu'à nous reproduire. — « Les eaux, disions-nous, qui forment les étangs, entraînent avec elles les terres des propriétés voisines avec l'engrais qui est dessus; ces terres se déposent au fond des étangs, s'enrichissent de la substance d'un grand nombre d'insectes, de vers, de larves, de poissons morts, etc., et deviennent essentiellement fertiles. C'est pourquoi il est d'usage de pêcher les étangs tous les trois ou quatre ans, d'en enlever l'eau pour la conduire dans d'autres réservoirs, de les dessécher et d'y cultiver ensuite, sans aucune dépense d'engrais, et pendant trois ou quatre années consécutives, du froment et de l'avoine qui fournissent d'abondantes récoltes. Ainsi, dans la Bresse, dans la Sologne, dans les terrains granitiques ou sablonneux, les étangs desséchés sont considérés avec raison comme la richesse du pays; hors de là, il n'y a plus que récoltes médiocres ou chétives. On comprend dès-lors que les populations de ces contrées déshéritées tiennent à leurs étangs et ne veulent point qu'on les fasse disparaître définitivement.

« La culture des étangs desséchés tous les trois ou quatre ans, ne présente aucune difficulté ; on assainit au moyen de rigoles, et une fois l'égouttement achevé, on y met la charrue. Le seul inconvénient à redouter, c'est l'excès de vigueur de la première récolte qui peut donner beaucoup de paille et peu de grain. La seconde année, alors que la terre a *jeté son feu,* cet inconvénient ne se reproduit plus. Dans les bons fonds d'étangs, on sème d'abord du froment et puis de l'avoine deux années de suite ; dans les fonds médiocres, on s'en tient à l'avoine et à l'orge.

« Lorsqu'on dessèche un étang pour ne plus le remettre en eau, il est bon de faire suivre la culture des céréales d'une prairie naturelle ou artificielle ; l'une et l'autre y réussissent d'ordinaire très-bien. »

D'après ce qu'on vient de lire, on s'explique parfaitement qu'il soit venu à l'idée de certains novateurs intelligents de recourir à l'établissement de séries d'étangs pour transformer en bons champs de très-pauvres sols. Ce procédé d'amélioration a été tenté il y a peu d'années dans les Campines Belges, sur un domaine royal. Personnellement, nous ne connaissons ni ce domaine, ni le résultat obtenu, mais il nous semble que si tous les chemins mènent à Rome, il y a de ces chemins-là qui sont longs et pénibles, tandis que d'autres le sont moins, et que dans la Campine on pourrait bien avoir pris le plus long de tous.

Des viviers. — Autrefois, les consommateurs de poissons étaient certainement moins nombreux que de nos jours, mais ils en mangeaient plus souvent et observaient plus rigoureusement que nous celui des commandements de l'église qui nous défend le gras pendant certains jours de l'année. Les gros propriétaires, les seigneurs, les abbayes n'avaient qu'un bon moyen d'adoucir les rigueurs du commandement en question, c'était de substituer le poisson à la viande de boucherie, et c'est ce qu'ils faisaient. Mais pour se procurer ce poisson régulièrement une ou plusieurs fois par semaine, on ne pouvait pas s'astreindre à courir chaque fois à l'étang ou à la rivière. Il était plus simple et plus naturel de s'approvisionner tout d'un coup à l'époque des grandes pêches, de tenir les poissons vivants près de soi, à quelques pas de la maison, et de les entretenir de façon à ce qu'ils engraissassent au lieu de maigrir.

C'est pour cela qu'on fit dans le voisinage des riches habitations et même des grosses fermes, des réservoirs à poisson, dont l'utilité n'était pas contestable. Ces réservoirs sont nos *viviers*; ils n'ont guère de commun avec les célèbres *vivarii* des Romains de la décadence que le nom et la destination; ils sont pour nous ce que sont les *boutiques* flottantes pour les pêcheurs et les hôteliers des bords de l'eau, c'est-à-dire des magasins où l'on pêche à coup sûr par tous les temps et à toutes les heures.

La définition que Bosc a donnée du vivier est parfaite. « Le propre des viviers, a-t-il dit, c'est de recevoir du poisson né autre part, déjà assez gros pour être mangé, et qui y doit rester au plus un an. » Il ne convient pas, en effet, que le frai y soit ménagé et développé, puisque l'alevin se nourrit aux dépens du gros poisson.

« La position d'un vivier, ajoute le même auteur, est toujours subordonnée, comme on le pense bien, au cours des eaux; mais s'il est exposé au soleil et bien aéré, le poisson en sera meilleur.

« Le vivier au milieu duquel passera un ruisseau, ou dans le quel entrera un filet tiré d'une rivière, sera préférable à celui formé d'eau stagnante; cependant, il ne faut pas que l'eau en soit trop vive, parce que le poisson, du moins la Carpe, la Tanche et la Perche n'y trouvent pas assez de moyens de subsistance. J'ai eu pendant plusieurs années sous les yeux un vivier alimenté immédiatement par une fontaine, où le poisson non seulement ne grossissait point, mais même maigrissait, et qu'on fût obligé de supprimer par cette cause. »

Un vivier n'a pas besoin de ces pentes douces et de ce niveau constant si nécessaires aux espèces dont on veut favoriser la reproduction. Pour ce qui est des herbes aquatiques, il convient qu'il y en ait de loin en loin, non en vue de recevoir les œufs auxquels on ne tient pas, mais afin d'offrir un refuge agréable au poisson. Fréquemment, les viviers, dont la profondeur varie entre 1m,50 et 2 mètres environ, sont entourés de murailles en briques ou en pierres, et divisés en plusieurs compartiments par des grilles en bois et à barreaux suffisamment rapprochés. Avec ces compartiments, il devient facile de séparer les espèces qui ne s'accorderaient pas entr'elles.

Des écrivains, très-recommandables d'ailleurs, ont conseillé de diriger vers les viviers les eaux de vaisselle et les eaux de fumier. Bosc trouve la recommandation dangereuse. Il conseille tout bonnement de jeter dans ces viviers les restes de la cuisine, soit de viande, soit de légumes cuits et crus, afin de satisfaire l'appétit des Carpes et des Tanches. Il conseille en outre d'y jeter une certaine quantité d'orge, de seigle, de blé ou d'autres graines au moment où le froid commence à sévir et à solidifier l'eau.

Tous les viviers, indistinctement, ne répondent pas avec exactitude à la définition de Bosc, et, au bout du compte, nous ne croyons pas qu'il y ait nécessité de se faire l'esclave de cette définition. S'il est permis d'affectionner le gros poisson, il est permis aussi de rechercher le petit. M. Koltz nous apprend à cette occasion que pour peupler un vivier pendant l'été, il faut y mettre par 10 mètres de superficie 120 feuilles d'un an, 40 Carpillons de deux ans, 20 Carpes de trois ans, 16 de quatre ans, 10 de cinq ans et 6 audessus de cinq ans. Il en faut moitié moins lorsque le poisson doit séjourner plus d'un an dans le vivier. Il va sans dire qu'on peut recompléter ces chiffres et remplacer les manquants chaque fois qu'on le diminue à coups de filets pour les besoins de la consommation.

M. Koltz engage les éleveurs à jeter de temps en temps du crottin de moutons et de la bouse de vaches dans les viviers, à partir de février jusqu'en novembre, et toujours en assez faible quantité chaque fois, pour que l'eau ne change pas de couleur. Il les engage, en outre, pendant les autres mois de l'année, à jeter aux poissons de petites rations de pois, fèves, orge, etc. et aussi de petits intestins d'animaux que l'on hache d'abord.

Les viviers à Brochets ne recevront qu'une centaine de poissons de différents âges, par 10 mètres de superficie, beaucoup de petits, très-peu de gros, et pour qu'ils ne s'entre-dévorent pas, on prendra la précaution de les nourrir copieusement au printemps et en été avec des petits poissons, des grenouilles vivantes, du frai de grenouilles et du hachis d'intestins.

Les viviers à Anguilles ne doivent recevoir que 70 de ces poissons à peu près par 10 mètres de superficie. On les nourrit en été avec des petits poissons, des vers et des substances animales divisées.

Il ne faut qu'une centaine de Truites de même taille, par 10 mètres de superficie de vivier. On leur donne à manger tous les jours au printemps et en été comme aux Brochets et la même nourriture qu'à ces derniers.

CHAPITRE V

DE L'ÉLEVAGE DES POISSONS D'ORNEMENT OU DE FANTAISIE

Nous entendons par poissons d'ornement ou de fantaisie ceux que l'on élève dans les réservoirs de châteaux ou de palais, dans les bassins de nos parcs et de nos jardins, dans les bocaux et aquariums de nos appartements. Il y a lieu de croire que les Carpes de Fontainebleau n'ont pas été, dans le principe, non plus que celles d'autres résidences princières, destinées uniquement à animer les pièces d'eau ; mais celles qui restent de ce temps là sont si vieilles et si grosses qu'elles ont droit au respect comme des monuments historiques. Pour le manger, elle ne valent pas des Carpes de trois livres, et l'on fait preuve de bon goût en n'y touchant point ; pour le coup-d'œil, elles sont superbes et l'on a raison de ne pas les prendre, car on ne les remplacerait pas. Mais laissons-là ces Carpes d'ornement que l'on ne saurait se procurer n'importe à quel prix, et contentons-nous de nos espèces à bon marché et d'un petit volume, qui seules conviennent à nos ressources et à nos situations.

Un bassin de parc ou de jardin où il n'y a pas de poissons nous produit l'effet d'une cour de village où il n'y a pas de volailles. On a donc eu depuis longtemps l'excellente idée d'y mettre des poissons rouges de la famille des Cyprins, des Dorades (*Carpes dorées*). Malheureusement, la possession d'un parc ou d'un jardin n'est pas à la portée de tout le monde, et comme parmi ceux qui n'en ont pas, il se rencontre des amateurs de poissons, on a imaginé pour leur satisfaction des bocaux sphériques en verre blanc et à large ouverture où le poisson rouge vit fort bien (grav. 43), surtout quand on ne lui donne rien à manger de substantiel. On remarquera seulement qu'il n'y grandira point comme dans un réservoir spacieux ; il jouit de la rare et étonnante faculté de subordonner son développement aux dimensions du logis qu'on lui donne.

L'aquarium n'est pas d'invention moderne ; si cette fantaisie n'est pas renouvelée des Grecs, elle l'est à coup sûr des Romains. On appelait cela un vivier de verre ; et Lucullus avait de ces viviers-là dans ses salles à manger, au-dessus de sa tête, en guise de plafonds. Nous tenons le fait d'Olivier de Serres, qui l'avait pris nous ne savons où ; il n'était pas homme à l'inventer.

Les Dorades eurent leurs beaux jours, comme les perroquets, à cause de leur couleur, mais à force d'en voir, on finit par s'en lasser, par les trouver ridicules, et les aquariums étaient en grande défaveur, quand la Société d'Acclimatation les réhabilita par une création pleine d'originalité et de bon goût. Les heureuses dispositions de l'aquarium du Bois de Boulogne passionnèrent les visiteurs ; on s'intéressa vivement à ces

Grav. 43. — Bocal renfermant une Bouvière et une Dorade.

habitants des eaux que l'on connaissait à peine, pour avoir entendu parler des uns et avoir vu les autres à la halle ou dans la poêle ; on ne rêva plus que de viviers de verre, d'imitations de rochers, de coquillages, de gravier, d'Écrevisses, de Goujons vivants, d'Épinoches, etc.

On comprit que le bocal à poissons rouges avait fait son temps, que c'était une forme usée. On adopta la forme carrée, puis l'hexagone, puis l'octogone, et avec cela les grandes dimensions, les fonds accidentés,

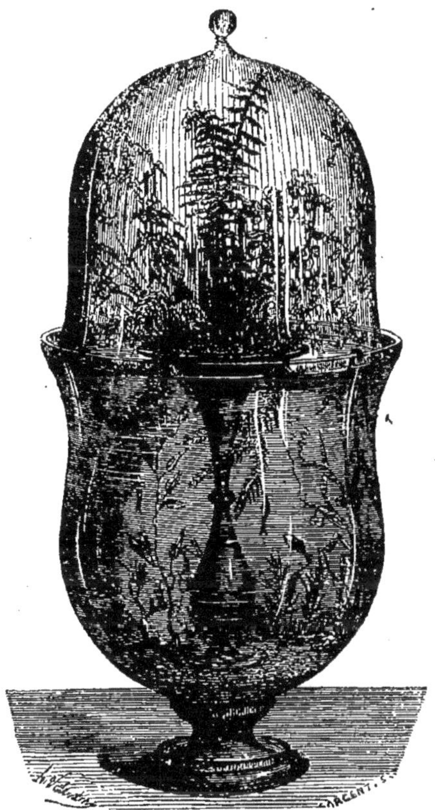

Grav. 44. — Aquarium de salon.

les plantes aquatiques, les jets d'eau. Aujourd'hui nous en sommes là, et les aquariums nouveaux ont un succès de salon qui a l'air de vouloir se maintenir. Les poissons qui ont le mérite d'animer ces charmants bassins d'eau douce ne constituent pas l'unique agrément des aquariums; les plantes qu'on y élève sont pour beaucoup dans les charmes de ces objets de luxe.

C'est d'un bon effet dans un appartement, et peut-être de meilleur goût qu'une volière (grav. 44). Un aquarium a droit au salon; une volière n'est bien à sa place que dans l'antichambre et pour plusieurs raisons que l'on devine. L'aquarium a le double mérite de n'être ni tapageur ni malpropre, et celui que nous figurons ici a le mérite, en outre, de réjouir l'œil par la variété des espèces qui y vivent et le choix des plantes aquatiques que l'on y élève en même temps que les petits poissons. Ces plantes ont l'avantage de conserver la pureté de l'eau que, sans elles, il faudrait renouveler plus souvent (grav. 45).

Le livre qu'a publié la maison Vilmorin, sous le titre de : *Les Fleurs de pleine terre*, consacre une page au sujet qui nous occupe. — « Le goût des petits aquariums d'appartement se généralisant, y est-il dit, nous croyons bien faire d'ajouter ici une liste supplémentaire de quelques espèces aquatiques moins ornementales que les précédentes, mais que leurs dimensions, leur mode de végéter et leur rusticité rendent plus aptes à réussir dans les conditions exceptionnelles, et assez défavorables créées par ce genre de culture artificielle. »

Voici la liste en question :

1° *Plantes aquatiques flottantes* ou *nageantes*. — Alisma natans, quelques espèces d'Elatine, Hydrocharis morsus-ranœ, Lemna minor (Lentille d'eau), Lemna polyrrhiza, Pistia stratiotes, Pontederia crassipes, Ranunculus aquatilis, Villarsia nymphoïdes;

Grav. 45. — Aquarium Carbonnier.

2° *Plantes aquatiques submergées.* — Caulinia fragilis, Ceratophyllum emersum, Ceratophyllum submersum, diverses espèces d'Elatines, Elodea canadensis, divers Isoetes, Lemna trisulca, Naïas major, Potomogeton crispus, Gramineus lucens oppositifolius, perfoliatus; Stratiotes aloides, Vallisneria spiralis, Zanichellia palustris.

3° *Plantes aquatiques émergées.* — Carex et Cyperus divers, Hippuris vulgaris, Hottonia palustris, Joncs divers, Littorella lacustris, Myriophyllum verticillatum, Scirpus divers, Triglochin divers.

On rencontre quelques unes de ces plantes aquatiques dans les fossés, les mares ou les rivières. On en sème la graine ou mieux on les transplante dans des soucoupes ou dans un vase quelconque où l'on a mis un mélange de limon, de sable ou de gravier, ou bien encore de la terre ordinaire mélangée avec du poussier de charbon. Pourvu que l'eau soit renouvelée de temps en temps et ne croupisse point dans l'aquarium, les plantes y végéteront et ne s'y porteront pas plus mal que les poissons.

On élève dans les aquariums de salon la Dorade de la Chine ou Carpe dorée (*Cyprinus auratus*. Lin.), la Bouvière (*Cyprinus amarus,* Bloch), tout petit poisson de 2 cent. et demi de longueur, verdâtre en dessus et jaune aurore en dessous; les Épinoches (*Gasterosteus*), etc.

L'eau de rivière est celle que préfèrent ces poissons; l'eau de puits celle qui leur convient le moins; cependant, on peut les y élever pendant plusieurs années, si nous en jugeons par nos propres observations. L'essentiel est de ne pas verser cette eau dans les aquariums, avant qu'elle ait pris la température de l'appartement. On la renouvelle tous les huit jours en été, tous les quinze jours en hiver.

Une couche de sable et de gravier au fond des aquariums, ainsi que des coquillages ou des pierres légères disposées en façon de grotte, rendent nécessairement le séjour de cette étroite prison moins désagréable à ses habitants que s'ils n'y trouvaient aucune retraite où se cacher par moments.

En ce qui concerne leur alimentation, nous avons quelque peine à nous expliquer comment ils vivent. Il faut bien admettre qu'ils se contentent de peu et que les êtres microscopiques de l'eau suffisent pour les soutenir, puisque les Dorades dont il a été parlé tout-à-l'heure passent des semaines entières sans rien recevoir des mains de l'éleveur. Toute nourriture un peu substantielle, mouches, vers ou viande hachée, leur est nuisible ; on doit se borner à émietter un peu de pâte d'hostie dans l'aquarium, et encore bien rarement, car elle ne tarde pas à blanchir ou à troubler l'eau. Pour ce qui est des Épinoches, dont la voracité, toute proportion gardée, ne le cède guère à celle de la Perche et du Brochet, nous ne savons s'ils pourraient se maintenir longtemps sous l'influence d'un régime si peu confortable.

On a essayé d'introduire de petites Anguilles dans les aquariums de salon ; elles ne résistent pas longtemps. Pour qu'elles y eussent, nous ne dirons pas leurs aises, mais une gêne plus supportable, elles auraient besoin de vase, de lieux de refuge et de nourriture animale. Dans ces conditions, elles ne se montreraient que la nuit, en l'absence de toute clarté, ce qui ne saurait faire le compte des amateurs d'aquariums qui ne tiennent aux petites Anguilles que pour avoir le plaisir de les observer le jour.

CHAPITRE VI

ANIMAUX ET INSECTES NUISIBLES AUX POISSONS D'EAU DOUCE

Les animaux et insectes qui font du tort aux pisciculteurs ne sont pas aussi nombreux qu'on se l'imagine. La liste qu'on en a dressée demande à être revue; il s'y rencontre peut-être des accusés qui sont forts de leur innocence.

Parmi les mammifères nous voyons figurer la Loutre, le Surmulot, le Campagnol rat d'eau; parmi les oiseaux : le Héron ordinaire, les Cormorans, Plongeons, Harles, les Canards, les Bergeronnettes; parmi les reptiles amphibies, les Grenouilles; parmi les insectes, les Hydrocorises, peut-être, (car ces punaises d'eau, très carnassières, n'ont pas été assez étudiées pour qu'on puisse leur reprocher hardiment de dévorer des œufs de poissons ou des jeunes à peine éclos), les Hydrocanthares, comme le Dytique; parmi les Crustacés, le Gammarus ou crevette des ruisseaux, l'Argulus Gastroteis ou pou du Gastérote qui attaque non-seulement les Épinoches et les Grenouilles, ce dont on se consolerait aisément, mais qui attaque aussi les Perches, les Brochets, les Carpes et surtout les Truites des viviers, d'après le rapport de Renard Baldaneur, pêcheur Strasbourgeois; enfin les Écrevisses.

Hâtons-nous d'ajouter que les plus rudes ennemis des poissons sont les poissons eux-mêmes, après l'homme bien entendu; les diverses espèces s'entre-dévorent. Les monographies du Chabot, du Brochet, de la Perche, de la Truite, de l'Ombre, le prouvent à n'en pas douter.

Loutre commune *(Mustela Lutra)*. On ne peut pas affirmer que la Loutre ne soit bonne à rien, puisque sa peau n'est pas à dédaigner, mais on s'accorde à reconnaître que cette unique qualité ne saurait suffire pour la rendre intéressante.

On nous dispensera de donner une description de la Loutre; les pêcheurs la connaissent bien et ne la redoutent que trop. Elle recherche le poisson avec avidité et fréquente naturellement les bords des rivières et des pièces d'eau qu'elle dépeuple très-vite. Elle est rusée, elle nage bien, plonge de même, et réunit par conséquent toutes les qualités voulues pour réussir dans ses chasses aquatiques. Elle se loge dans les trous qu'elle rencontre près de l'eau, ou dans les excavations placées au bord des rivières, et sous les souches d'arbres; elle change souvent d'habitation, et ne sort ordinairement que la nuit.

Nous lisons dans le *Nouveau Cours d'Agriculture*, de Déterville : « On reconnaît la présence des Loutres dans le voisinage des étangs par leurs excréments remplis d'écailles et d'arêtes. Elles passent toujours dans le même endroit, et lorsqu'on a reconnu leurs *passées*, on tend un traquenard sur leur passage, et la chaîne du traquenard doit être fortement assujettie à un pieu ou à un arbre.

« L'affût pendant la nuit est le second moyen qu'on emploie pour prendre cet animal; la Loutre a pour habitude d'aller fienter sur une pierre blanche, lorsqu'elle en rencontre près de l'étang; si cette pierre manque, on peut en transporter une. Lorsque le chasseur connaît l'habitude contractée, il se poste près de la pierre, attend l'animal, et le tire de très-près. »

Nous ne savons ce que vaut ce procédé de chasse; s'il est bon, on nous saura gré de l'avoir sorti de l'oubli; s'il ne l'est pas, nous en serons pour deux lignes perdues.

A ce propos, nous nous rappelons une histoire d'affût. Il s'agissait d'une Loutre qui commettait, assurait-on, de gros ravages dans le vivier paternel et menaçait de ne plus y laisser ni Carpes ni Tanches, les deux seuls poissons que l'on y élevât. On avait vu cette Loutre, on savait qu'elle avait son trou dans un petit bois, à un kilomètre environ du vivier; on avait trouvé les preuves incontestables de ses rapines sous forme d'écailles et de têtes de poissons abandonnées au bord de l'eau; en un mot, les renseignements semblaient d'une précision irréprochable. Il faisait alors un clair de lune superbe, et naturellement on songea à profiter de ce clair de lune pour guetter la Loutre. Un homme prit un fusil et se posta du mieux qu'il pût près de la pièce d'eau, derrière un massif de broussailles qui le masquait assez bien tout en lui permettant de voir distinctement la partie de la rive où l'on avait découvert les débris de poissons. Au bout de quelques heures d'attente, il vit de loin s'avancer à pas de loup ou de renard, un animal qui dans sa pensée ne pouvait être que la Loutre, et sans perdre de temps, notre homme envoya ses deux charges de plomb à la bête; il avait visé juste et touché au bon endroit, mais au lieu d'une Loutre, il avait tué un chat, autre adroit pêcheur, dont on ne se méfie pas toujours.

On signale enfin pour se défaire des Loutres, un procédé qui consiste à former une sorte de labyrinthe dans l'eau avec des pieux, disposés de façon que la Loutre qui s'y aventure à la poursuite d'un poisson ne peut plus en sortir.

La Loutre, si avide de poissons, si vorace, est cependant au fond un animal doux et susceptible d'attachement. On a apprivoisé des Loutres à diverses reprises, et chose étrange, celles que l'on prend toutes jeunes et qu'on élève dans une chambre, ont une peur incroyable de l'eau.

En raison même de la nature de ses mœurs, on s'est dit que la Loutre dressée convenablement pourrait peut-être rendre aux pêcheurs les services que le furet apprivoisé rend aux chasseurs. L'expérience a démontré que la chose était possible, et voici ce qu'on raconte dans le Dictionnaire de Déterville.

« M. Jean Lots a donné un mémoire sur la manière avantageuse de dresser la Loutre pour prendre du poisson. Il faut qu'elle soit jeune; on la nourrit pendant quelques jours avec du poisson et de l'eau; ensuite on mêle de plus en plus dans cette eau, du lait, de la soupe, des choux et des herbes. Dès que l'on s'aperçoit que l'animal s'habitue à cette espèce d'aliment, on lui retranche successivement presque tout le poisson, et à sa place on substitue du pain dont elle se nourrit très-bien; enfin il ne faut plus lui donner ni poissons entiers ni intestins, mais seulement des têtes. On dresse ensuite l'animal à rapporter comme on dresse un chien; lorsqu'il rapporte tout ce qu'on veut, on le mène sur le bord d'un ruisseau clair; on lui jette du poisson qu'il a bientôt joint et qu'on lui fait rapporter; la tête de ce poisson lui est donnée en récompense de sa docilité. Un homme de la Savoie, par le secours d'une Loutre ainsi dressée, prenait journellement autant de poisson qu'il lui en fallait pour nourrir toute sa famille. Cette méthode est fort ancienne en Suède. »

Vers 1836, les curieux ont pu voir à Paris une jeune Loutre privée qui se jetait dans la Seine sur l'ordre de son maître et revenait au premier appel.

Surmulot *(Mus decumanus)*. — C'est le nom que donnent les savants à notre gros rat de voirie et d'égoût, qu'il n'est pas rare non plus de rencontrer dans les parties basses de nos babitations. Il fréquente les bords des rivières, des viviers et des étangs; l'eau est une nécessité de son existence; mais il ne nous est pas démontré que les pisciculteurs aient à s'en plaindre énormément; ce qu'il recherche surtout ce sont les substances en décomposition. On pourrait admettre à la rigueur, qu'il mange des poissons morts remontant à la surface de l'eau, ou du frai gâté parmi les herbes aquatiques, mais s'il nage assez bien, il ne se soucie guère de plonger et de courir après les poissons. Nous croyons que le Surmulot fréquente le bord des rivières, viviers et étangs par besoin d'eau plutôt que par l'appât des poissons, et voici ce qui nous porte à le croire : on sait que les rats de nos maisons ne se font pas faute de grignotter les livres et papiers quelconques qu'on laisse à leur portée; eh bien ! il nous a été assuré que le manque d'eau les portait à commettre ces dévastations, et que pour les prévenir, il suffisait de placer des vases remplis d'eau dans la pièce destinée à recevoir les papiers. Nous tenons cette observation de personnes dignes de foi, très-intéressées à sauver leurs papiers de l'atteinte des rats, et ne doutant pas du succès de ce moyen.

Comme on a reproché aux Surmulots de manger des poissons, sans les avoir pris sur le fait probablement, mais tout bonnement parce qu'on les voit rôder au bord de l'eau, nous cherchons à démontrer que l'eau leur est plus nécessaire que le poisson.

Campagnol rat d'eau (*Arvicola amphibius* de

Desmarets). — Bosc nous dit : « Il a le corps noirâtre en dessus et ferrugineux en dessous ; sa grandeur est la même que celle du rat commun (du rat noir). Il vit exclusivement sur le bord des eaux, nage fort bien et se nourrit de poissons, d'insectes, de vers, de racines et de graines. » Plus loin il ajoute : « Cet animal n'est mentionné ici qu'en raison des dommages qu'il cause aux propriétaires d'étangs, car les cultivateurs proprement dits n'ont jamais à s'en plaindre. »

La plupart des autres naturalistes nous assurent, contrairement à cette assertion positive de Bosc, que le Rat d'eau ne vit que de racines de plantes aquatiques, principalement des typhées ou massettes. Qui faut-il croire ?

Il résulte pour nous de ces contradictions que le Rat d'eau n'a pas été observé comme on pourrait le désirer.

Hérons, Cormorans, Plongeons et **Harles.** — Nous pensons avec M. de Sélys-Longchamp que si le Héron ordinaire est dangereux autour des petits réservoirs, il n'est pas à craindre dans les lacs, les étangs et les grandes rivières. Quant aux Cormorans, Plongeons et Harles, il est certain qu'ils mangent beaucoup de poissons.

Canards. — Les Canards prennent bien de temps en temps quelques petits poissons, mais le mal qu'ils font de ce chef a peu d'importance. Ils ne sont réellement dangereux que parce qu'ils détruisent des quantités considérables d'œufs ou de jeunes qui ne sont pas encore dégagés de leurs coques.

Bergeronnettes. — Ces Bergeronnettes, que l'on nomme encore *Hochequeues* et *Lavandières*, sont très-avides de larves et d'insectes, et c'est pour cela qu'elles accompagnent avec tant d'assiduité nos laboureurs et qu'elles se plaisent tant dans les terres fraîchement labourées. On a pu remarquer qu'elles fréquentent aussi les bords de l'eau et qu'elles font société aux lavandières. Or, il doit y avoir là-dessous un but intéressé, et on les accuse de becqueter le frai et de s'emparer des jeunes poissons au moment de l'éclosion.

Grenouilles. — Les Grenouilles détruisent le frai du poisson, c'est incontestable. Il est incontestable aussi que les poissons détruisent les œufs de Grenouilles. C'est la peine du talion.

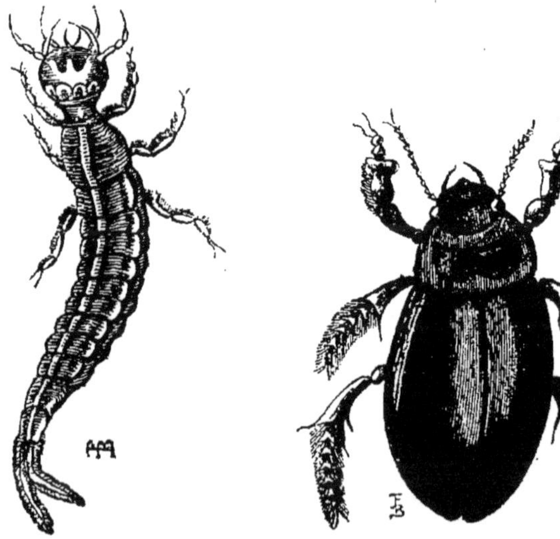

Grav. 46. — Larve de Dytique. Grav. 47. — Dytique.

Dytique. — Le Dytique, à l'état de larve (grav. 46) comme à l'état d'insecte parfait (grav. 47), est très-nuisible aux poissons dont il dévore le frai et les jeunes au moment de l'éclosion.

Gammarus et **Argulus** (grav. 48). — Le Gammarus, qui est une toute petite Crevette de rivière, n'épargne pas le frai. L'Argulus ne l'épargne pas

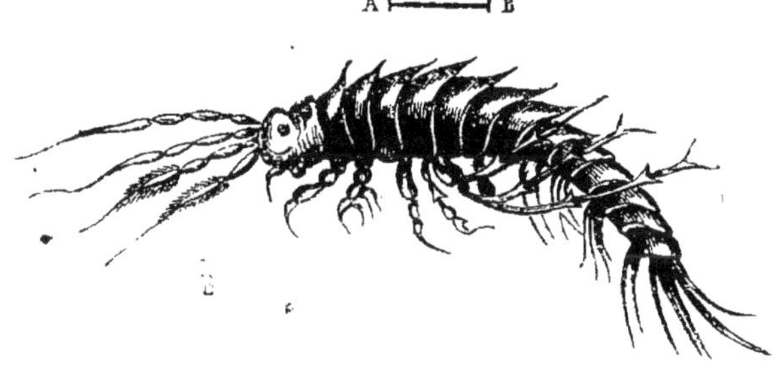

Grav. 48. — Gammarus ou Crevette des ruisseaux.

davantage; une de ces Argules, le Binocle du Gastérote ou le Pou du Gastérote, comme on voudra l'appeler, se fixe sur le corps des Épinoches, des Truites, Perches, Brochets et Carpes, suce leur sang et occasionne souvent leur mort.

Écrevisses. — Si les Écrevisses ne nous faisaient du tort qu'en saisissant les poissons avec leurs pinces, le mal ne serait pas grand. Pour s'y laisser prendre, il faudrait que ces poissons y missent beaucoup de bonne volonté. Elles ne sont donc réellement redoutables que pour le frai.

CHAPITRE VII

POISSONS DE MER ACCLIMATABLES DANS L'EAU DOUCE

Préliminaires. — Tandis que nos pisciculteurs de l'intérieur des terres s'occupaient activement de la multiplication des poissons d'eau douce et même de celle du Saumon, poisson de l'embouchure des fleuves qui remonte ces fleuves et leurs affluents à l'époque de la frayée, comme nous le verrons plus loin, des pisciculteurs du littoral rêvaient de leur côté l'acclimatation de quelques espèces marines en eau douce. Ainsi on nous annonçait dernièrement que MM. Bouché et Labbé, de Luçon, venaient d'acclimater le Muge et la Loubine (Bar), ce qui ne nous surprend guère, car on sait que ces deux poissons ne dédaignent pas l'eau de rivière. On ajoutait à cette nouvelle intéressante d'ailleurs, que ces messieurs avaient eu également du succès avec la Limande, la Plie et le Carrelet, au moyen de leurs œufs fécondés naturellement, recueillis avec soin et mis à éclore dans des réservoirs particuliers.

A ce propos, et avant d'aller plus loin, il est bon que nous prenions connaissance des tentatives d'acclimatation de ce genre, faites par les anciens. Columelle rapporte que les ancêtres des hommes de son temps allaient jusqu'à renfermer les poissons de mer dans des viviers d'eau douce et qu'ils y nourrissaient le Muge et le Scare, deux poissons dont les noms ont été conservés. — « Non seulement, ajoute-t-il, ils s'occupaient beaucoup des piscines qu'ils avaient formées eux-mêmes, mais encore ils remplissaient les lacs naturels du frai des poissons de mer qu'ils y transportaient. Il en résulta que les lacs de Velino, de Sabate, aussi bien que le Vulsinum et le Ciminus, virent naître des Loups mer et des Daurades, et tous les autres poissons qui peuvent supporter l'eau douce. Cet usage tomba en désuétude dans les âges postérieurs, et le luxe des riches alla jusqu'à renfermer dans une enceinte les mers même et Neptune. »

On voit, par ce qui précède, que l'acclimatement du poisson de mer dans les eaux douces avait été pratiqué bien antérieurement à Columelle, puisqu'il en parle comme d'un fait très-ancien. Du vivant de cet écrivain, le procédé ne reprit pas faveur; on se contenta d'ouvrir des viviers ou petits étangs sur le littoral, de les remplir d'eau de mer, constamment renouvelée par le flux et le reflux, et d'y élever ainsi, dans un milieu essentiellement préférable à l'eau douce, les poissons et les coquillages recherchés pour la consommation.

Nous ne savons ce que l'on doit attendre des essais renouvelés de notre temps; peut-être serons-nous plus heureux que les Romains. L'avenir nous le dira. En attendant, nous devons consacrer quelques lignes à chacun des poissons de mer qui autorisent ou semblent autoriser des espérances. Ces poissons sont, par ordre alphabétique, l'Alose, le Bar, le Carrelet, le Caranx saurel, la Limande, le Muge, le Mulle rouget, le Mulle surmulet, le Saumon et enfin le Scare. Du moment où ce dernier a pu vivre en eau douce avec le Muge dans les viviers de Rome, il n'y a pas de raison pour qu'en ce temps.ci, on le sépare du Muge en question.

Alose. — L'Alose commune (*Alosa vulgaris*) appartient à la famille des Clupéoïdes, de même que le Hareng avec le quel elle a beaucoup de ressemblance. M. C. Millet en fait le portrait suivant : « Écailles presque carrées, finement ponctuées de noir sur les flancs; dos vert-olive, de couleur pâle, à reflets irisés et dorés; gorge, ventre et côtés de teinte verdâtre à reflets nacrés, dorés et argentés. »

Les noms vulgaires de l'Alose sont : *Alouse, Alozen* (Finistère), *Cola, Coulac* (Gironde), *Halachia* (Bouches-du-Rhône).

On trouve l'Alose dans les mers du Nord et dans la Méditerranée. A l'époque de la frayée, elle quitte ces mers, et remonte les fleuves et les rivières pour y pondre ses œufs. C'est donc un poisson migrateur comme le Saumon, et s'accommodant des eaux douces aussi bien que des eaux salées, pourvu cependant que les premières quoique douces de nom ne soient pas en réalité trop froides. En France, l'Alose remonte la Gironde, la Loire, la Meuse, le Rhin, le Rhône, la Seine, la Somme, etc., ce qui revient à dire qu'on la connaît sur tous les points de notre pays. Si l'Alose ressemble au Hareng par la forme, elle s'en distingue par ses dimensions, car elle peut atteindre près de 1 mètre et peser jusqu'à 2 kilos. La pêche de l'Alose est une des plus importantes du Rhône.

« L'expérience, nous écrivait un jour Curnier, a appris que les Aloses, alors qu'elles remontent dans la rivière pour y déposer leur frai, se tiennent en général à une profondeur moyenne de 2 mètres au-dessous de la surface de l'eau, et que lorsque le fleuve ne leur offre pas sur ses bords cette profondeur, elles s'en éloignent jusqu'à ce qu'elles la rencontrent. » Les Aloses voyagent par troupes considérables et pressées les unes contre les autres à la manière des harengs. Elles déposent vraisemblablement leurs œufs, comme ces derniers aussi, au fond de l'eau, sur les cailloux ou le gravier; mais à quelle profondeur les déposent-elles? nous n'en savons rien.

En retour, nous savons bien que les Aloses sont très-vives au moment de la montée, puissantes nageuses; toutefois, elles se fatiguent assez tôt, ne triomphent pas aisément des barrages qu'elles rencontrent sur leurs routes, et n'arrivent pas toujours sûrement aux endroits propres à recevoir le frai. Après la ponte, elles sont abattues et amaigries. On ne saurait dire au juste si l'éclosion des œufs est lente ou rapide; seulement, au rapport de M. Millet, on rencontre pendant les mois d'août et de septembre de petites Aloses qui descendent vers la mer et qui ont de 60 à 80 millimètres de longueur. Il a fallu, à partir de l'époque de la ponte (mai-juin) un délai approximatif de trois mois pour qu'elles arrivent à ce développement.

Les Aloses vivent de larves, d'insectes, de vers, de petits poissons, etc. Leur chair est excellente quand on les pêche en eau douce à l'époque de la montée, mais elle est de mauvaise qualité quand on les pêche après la ponte. Celles que l'on prend en mer ou dans les eaux saumâtres ne sont pas estimées. Les Aloses que l'on pêche à Nantes ne valent pas, à ce qu'on assure, celles que l'on pêche à Rouen.

Bar commun (grav. 49). — Le Bar commun (*Labrax lupus* ou *Perca labrax*) est de la famille des Percoïdes. Il a, en effet, une grande ressemblance avec nos Perches d'eau douce; sa couleur est le gris-bleu avec reflets métalliques argentés sur le dos; il a le ventre blanc. On en trouve qui pèsent jusqu'à 8 ou 10 kil.; mais c'est là un poids exceptionnel; le plus habituellement, il mesure de 50 à 60 centimètres. Il habite l'Océan et la Méditerranée surtout. Sa chair est blanche, ferme et très-délicate.

Sur nos côtes maritimes de l'Ouest, le Bar est connu sous le nom de *Loup de mer:* à Lyon, Marseille etc., sous celui de *Loubieu*, sous celui de *Loubine* à la Rochelle, de *Lubine* à Nantes. C'est enfin le *Barreau* de la Vendée, les *Drigne, Brigne* et *Drinneguet* du Finistère. On en pêche beaucoup au Croisic.

Le Bar est insociable comme notre Perche commune, et vorace comme elle aussi. Les eaux douces ne lui déplaisent point pourvu qu'elles soient fraîches, assez profondes et bordées de plantes aquatiques où il puisse frayer au printemps. On peut donc avec raison caresser l'espoir de l'acclimater sur beaucoup de points du pays. On devrait pour cela lui destiner des étangs spéciaux où l'eau de source se renouvellerait rapidement.

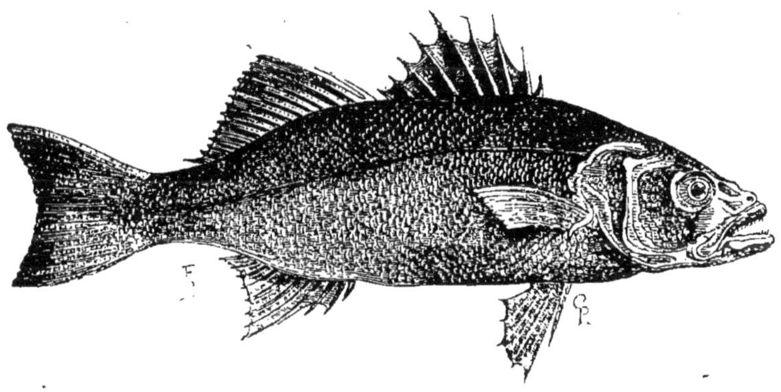

Grav. 49. — Bar commun.

Fréquemment, on confond la LUBINE-MOUCHETÉE *(Perca punctata)* avec le Bar commun, et, en ceci, l'on commet une erreur. La Lubine-Mouchetée est connue sous les noms vulgaires de *Tiouc* ou *Thyouc*. M. Desvaux la décrit ainsi : — « Tête obtuse, dos brun-bleuâtre; côtés et ventre argentins, points noirs en deux lignes irrégulières au-dessus et au-dessous de la ligne latérale; première dorsale, à neuf aiguillons appendiculés, bleuâtre; deuxième à base jaunâtre, les autres nageoires rouges ou bleues à base rouge; opercule à deux aiguillons écartés par une large échancrure.

« Cette espèce, bien plus petite que la précédente, se trouve sur nos côtes, en haute mer, de juillet à octobre. »

Vers la fin de 1863, M. Caillaud écrivait au président de la Société d'Acclimatation que dans la Vendée les Bar sétaient l'objet de tentatives d'élevage en eau douce.

« Le succès, disait-il, me paraît avoir couronné nos efforts, notamment à Luçon, chez M. Labbé, l'un de nos honorables collègues.

« Tout le monde, ajoutait-il, sait que le Bar est une espèce marine; chacun apprécie les qualités digestives de la chair fine et savoureuse de ce poisson, qui, au poids de 6, 10 ou 20 livres, remplace communément le Saumon sur les tables. »

Carrelet ou Plie Franche (grav. 50). — C'est le nom vulgaire d'une Pleuronecte (*Pleuronectes platessa*). Ce poisson plat, très-commun sur les côtes de la Bretagne, de la Normandie, de la Belgique et dans l'Escaut, l'est également sur les marchés de Paris où sa chair tendre est fort estimée. On le rencontre très-avant dans les terres, dans l'Allier, la Loire, la Seine et la Meuse. Ainsi que toutes les espèces de la famille des Pleuronectes, il a les yeux placés au côté droit de la tête. On le distingue facilement des autres aux six ou sept tubercules qui forment une ligne sur le côté droit de la tête, entre les yeux, et aux taches aurores qui, encore du côté droit, se détachent sur la couleur brune du corps. Le Carrelet nage mal et passe une bonne partie de sa vie, immobile, dans la vase, où en même temps qu'il se dérobe à ses ennemis, il trouve une nourriture convenable et suffisante.

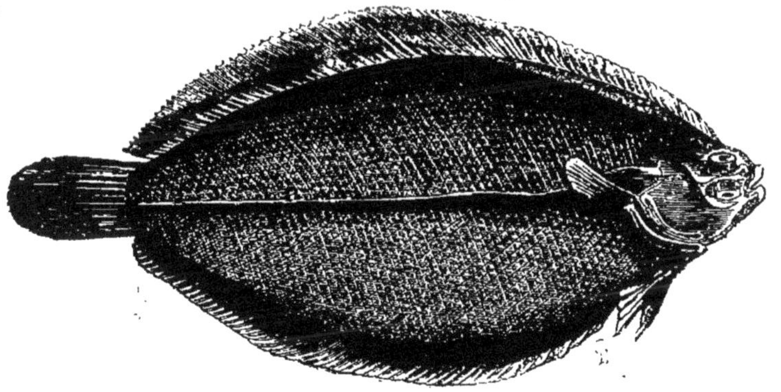

Grav. 50. — Carrelet.

Si on réussissait à acclimater solidement ce poisson dans des fossés ou des rivières à fond boueux, il y aurait peut-être lieu de compter sur un égal succès avec d'autres poissons de la même famille et ayant les mêmes mœurs, comme la Barbue (*Pleuronectes rhombus*), les Turbots (*Pleuronectes maximus*), si répandus aux embouchures de la Seine et de la Somme, et la Sole commune (*Pleuronectes Solea*).

Le Carrelet, qui porte les noms vulgaires de *Flotan*, *Bot*, *Lizen*, *Plincet* et *Puise*, atteint rarement 30 centimètres; cependant on en a pêché qui pesaient 8 kilogrammes.

A l'Ile de Ré, on croit que le Carrelet fraye en avril, ainsi que la Sole, tandis que la Barbue et le Turbot ne frayeraient qu'en mai ou juin.

Caranx saurel *(Caranx Trachurus)*. — A Nantes, où ce poisson remonte en même temps que l'Alose, on le nomme *Couvert;* ailleurs on l'appelle *fausse Alose, Alose bâtarde, faux Maquereau, Maquereau bâtard, Gascon, Gascanelle, Gascanette, Chinchar, Chichar, Chicharou, Kerelle.* Il est brun-verdâtre; son ventre est d'un blanc argenté; son œil est grand et sa mâchoire inférieure avance. Sa longueur varie entre 40 et 60 centimètres. Il est de qualité passable, mais à une grande distance du Maquereau.

Limande (*Pleuronectes Limanda*). — Du moment où l'on a pu espérer l'acclimatation du Carrelet dans les eaux douces, il était tout naturel que l'on songeât à expérimenter sur la Limande qui est un poisson plat de sa proche parenté. On reconnaît la Limande à ses écailles dures et dentelées, à la ligne saillante qu'elle porte au côté droit de la tête, et à des taches brunes et pâles qui semblent presque effacées. C'est un morceau très-fin qui passe pour supérieur au Carrelet, et que l'on conseille aux personnes convalescentes, ce qui n'empêche pas les personnes en parfaite santé de le trouver de leur goût.

La Limande dépasse rarement 30 centimètres. D'après M. Desvaux, elle remonte quelquefois la Loire jusqu'à Orléans et la Seine jusqu'à Paris, l'Allier jusqu'à Pont-Château, près Clermont.

Muge. — Le Muge *(Mugil)*, constitue un genre de la famille des Mugiloïdes, genre qui comprend un certain nombre d'espèces, parmi lesquelles nous citerons 1° le Muge Céphale (*Mugil Cephalus*), commun dans le Rhône. C'est le Ramodo des pêcheurs. 2° Le Muge Doré *(Mugil Auratus)*, qui pèse de un kilogramme à un kilogramme et demi, et dont la chair tendre est très-estimée. 3° Le Muge Sauteur *(Mugil Saliens)*, ou Mulet de mer, que les pêcheurs de certaines localités méridionales nomment *Flûte* ou *Mougou Flavetour*. 4° Le Muge à grosses lèvres qui arrive au poids de quatre kilogrammes. Celui-ci abonde dans la Méditerranée et dans le Var, au printemps et en été; c'est le *Chaluc* des gens de Montpellier, la *Vergadelle* en d'autres endroits; on l'estime moins que le Muge Sauteur, en sorte que ce pourrait bien être l'espèce dont parle Columelle, et qu'il mettait lui aussi, pour la qualité, au-dessous du Mulet. Or, si ce que nous rapporte cet auteur touchant l'acclimatement du Muge dans les eaux douces de l'Italie, est vrai, nous ne voyons pas pourquoi on ne l'acclimaterait point, lui ou toute autre espèce du genre, dans les eaux douces de France, et d'abord à proximité de nos côtes. Les noms vulgaires du Muge Sauteur sont : *Mulet, Meuille* (à la Rochelle).

Les Muges ont le corps cylindrique, oblong, couvert de fortes écailles; leur tête est large, aplatie, écailleuse et enveloppée de grands opercules bombés; la bouche est fendue en travers; les lèvres sont charnues et crénelées, et la mâchoire du dessous porte à son milieu un angle en saillie qui s'adapte à un angle rentrant de la mâchoire supérieure. Les Muges n'ont pas de dents; ils sont tout-à-fait inoffensifs et incapables de se défendre contre leurs nombreux ennemis.

La couleur varie avec les espèces; en général ils ont le dos bleuâtre, les côtés rayés de bandes longitudinales foncées, et la moitié inférieure du corps argentée.

A l'époque de la fraie, ils remontent par troupes à l'embouchure des fleuves et des rivières en sautant au-dessus de l'eau. Nous avons déjà dit que l'un d'eux, le Muge à grosses lèvres n'était pas rare dans le Var à certaines époques de l'année, et c'en est assez nous semble-t-il pour établir que l'eau douce ne leur déplait pas, et pour y encourager les tentatives de reproduction : « Le Mule (Muge) nous disait dernièrement M. Racaud, maire d'Esnandes, peut très-bien réussir en eau douce; dans les fossés qui séparent la digue de nos marais (pâturages riches), il y en a beaucoup, mais le Mule d'eau douce ne vaut pas celui de mer. »

Il convient peut-être de faire observer ici que l'eau des fossés en question est un peu saumâtre.

L'élevage des Muges est en bonne voie si l'on en juge par la lettre suivante écrite à M. René Caillaud et communiquée au bureau de la Société d'Acclimatation :

Luçon, le 26 octobre 1863.

« Cher confrère,

« Ce n'est qu'aujourd'hui que j'ai reçu les certificats que j'ai l'avantage de vous adresser, et qui constatent les succès obtenus par quatre de nos compatriotes dans l'élevage des Muges; je désire qu'ils se trouvent à la convenance de la Société. Bien que ces certificats ne soient pas très-précis, vous y verrez que M. Gauducheau et Chauveau de Triaize ont abandonné l'élevage des poissons d'eau douce, pour s'occuper particulièrement des Muges, qui, sous tous les rapports, leur donnent de meilleurs résultats. Je connais les pièces d'eau de ces messieurs; elles sont au milieu de leurs propriétés et alimentées uniquement par les eaux pluviales, et là ils obtiennent des Muges magnifiques. Les deux autres certificats de MM. Roy et Mercier font savoir que leur expérience a été faite dans des eaux de source froides et crues, et que leur réussite a été complète.

« D'après les épreuves que j'ai faites moi-même dans les eaux douces et les eaux pluviales, et qui m'ont toujours pleinement satisfait, je conclus que le Muge peut être mis n'importe dans quelles eaux; qu'il n'y a qu'un passage *trop brusque de l'eau froide* à l'eau chaude, et de l'eau chaude à l'eau froide, qui puisse lui nuire, ce qui arrive à tous les Poissons d'eau douce. Dans nos contrées, l'élevage du Muge a pris une telle extension, que l'on est tout étonné que l'on puisse avoir le moindre doute à ce sujet.

« Je n'avais jamais senti le besoin de m'occuper de l'élevage de ce poisson, quoique vous ne cessiez de nous le recommander depuis 1855. Voilà ce que j'ai observé dans le courant d'avril dernier. J'ai pris dans de l'eau salée des petits Muges qui étaient à peine éclos; ils ont aujourd'hui de 10 à 12 centimètres; je suis avec intérêt leur développement, et me tiens prêt, quand la Société le désirera, à lui faire un nouvel envoi, qui pourra la fixer positivement sur la croissance de ce poisson. Ce n'est qu'approximativement que j'avais donné l'âge pour ceux que j'ai adressés à la Société, il y a quelques mois.

« C'est en vue de seconder l'intérêt que notre belle Société semble prendre particulièrement à l'élevage en eau douce de nos Muges, comme à tout ce qui doit tourner à l'avantage des populations, que je m'appliquerai de plus en plus à cette question.

« LABBÉ. »

Mulle Rouget (*Mullus Barbatus*). — C'est un bon poisson de la famille des Perches.

Mulle Surmulet (*Mullus Surmuletus*). — Comme le précédent, ce poisson appartient aussi à la famille des Perches. A la Rochelle, où nous les avons vus, on les appelle l'un et l'autre *Barbarins*. Ils se tiennent à l'embouchure des rivières et sont très-estimés pour leur chair ferme et délicate. Il est d'usage de les envelopper de feuilles de vigne, avant de les mettre sur le gril.

Saumon. — On nous permettra d'emprunter au *Dictionnaire d'Agriculture pratique* ce qui a été dit du Saumon commun (*Salmo Salar*), délicieux poisson de la famille des Salmonidées. — « Cette espèce est d'un bleu ardoisé sur le dos; cette couleur se fond insensiblement avec le blanc argenté du reste du corps. Ce poisson porte des taches noires et clair-semées sur le dos et les côtés de la tête; on voit aussi des nuances irisées sur tout son corps; les nageoires du ventre et de l'anus sont d'un blanc plus ou moins grisâtre, les autres sont plus ou moins foncées. Ces poissons atteignent en moyenne 80 ou 90 centimètres de longueur, mais on en rencontre de beaucoup plus petits et d'autres qui arrivent à une taille double de celle que nous venons d'indiquer. Ils habitent les mers, mais ils sont surtout très-abondants dans l'Océan Septentrional; tous les ans ils remontent dans les eaux douces où les femelles viennent déposer leurs œufs que les mâles fécondent ensuite. En France on en prend dans la Seine, dans la Loire et dans les affluents de ces deux fleuves; il n'est pas rare de les voir remonter les plus minces rivières; les chûtes d'eau les plus élevées ne peuvent les arrêter, ils savent les franchir avec une habileté vraiment admirable; toutefois il y a de l'avantage à établir des échelles ou escaliers pour leur faciliter le parcours des chûtes d'eau trop élevées. Sous ce rapport, nos voisins de la Grande-Bretagne nous ont donné de bons exemples (grav. 51).

« En Belgique, pendant la belle saison, la Meuse ainsi que ses affluents et l'Escaut, contiennent un assez grand nombre de Saumons, et ils arrivent même jusque dans les forts ruisseaux qui viennent des bruyères de l'Ardenne. Ils sont assez communs dans la Moselle, mais comme ce poisson aime les eaux vives et les torrents, il n'est pas étonnant qu'il soit très-rare dans les rivières boueuses qui se jettent dans l'Escaut.

« Les Saumons fournissent à l'homme leur chair

Grav. 51. — Échelle à Saumons.

qui est excellente, et comme ils sont très-abondants dans les lieux qu'ils fréquentent, et toujours réunis en troupes nombreuses, les pêches donnent des produits importants. On en fait sécher et on en sale beaucoup pour les conserver; Hambourg fait tous les ans un commerce considérable de ces poissons ainsi préparés. Après la fraie leur chair devient fade, molle, huileuse, et perd toutes les qualités qui la faisaient estimer; aussi sont-ils alors peu recherchés. C'est du reste à ce moment qu'ils regagnent la mer dans laquelle ils ont besoin de séjourner de nouveau pour reprendre leur embonpoint. Un grand nombre d'auteurs disent que les mâles, facilement reconnaissables à leur mâchoire inférieure recourbée en crochet vers le haut, portent le nom vulgaire de *Bécards*. »

Voici ce qu'en pense M. Valenciennes, dont l'autorité en pareille matière n'est point contestée. — « Il existe sur nos côtes, dit-il, une seconde espèce de ce genre qui devient aussi grande et que l'on connaît sous le nom de *Bécard* (*Salmo hamatus*). Cette espèce se distingue par le crochet saillant que portent à la mâchoire inférieure les deux sexes; j'ai constamment vérifié la présence de ce caractère sur les femelles que l'on dépèce dans nos marchés. L'erreur de regarder le Bécard comme le mâle du Saumon, est si commune, je dirai même si populaire, que l'on vend des tranches de Bécard dont on peut voir le ventre rempli d'œufs, sous le nom de Bécard ou de mâle du Saumon. Les couleurs de cette espèce sont différentes de celles de la précédente; le dos est toujours plus gris, le corps est couvert de nombreuses taches rouges. Le Bécard entre dans les fleuves longtemps après le Saumon; les individus de cette espèce très-commune ne se réunissent pas en aussi grand nombre; la chair est moins rouge et beaucoup moins bonne. Je crois que le Bécard est plus commun dans le Rhin et dans les grands lacs de la Suisse que sur nos côtes occidentales de l'Océan. Il me paraît que c'est lui que l'on trouve dans le lac de Constance.

« Ni le Saumon ni le Bécard n'existent dans la mer Méditerranée ou dans la mer Noire. »

On a reproduit le Saumon, comme la Truite, par les procédés de fécondation artificielle, et l'on a pu en élever dans des bassins profonds. Toutefois, avant de se prononcer hardiment sur l'avenir d'une entreprise de cette nature, conduite sur une grande échelle, il nous paraît prudent d'attendre de nouveaux essais et de poursuivre quelques années encore les observations commencées. La multiplication du Saumon commun dans nos eaux de montagne, dans des étangs ou des réservoirs alimentés par des sources froides, la multiplication lucrative s'entend, serait certainement le plus éclatant triomphe de la pisciculture moderne, et nous le lui souhaitons de tout cœur. Les procédés de fécondation artificielle, découverts il y a des siècles, abandonnés, puis retrouvés et exaltés de toutes parts, n'auront tenu largement les promesses faites en leur nom, que le jour où ils auront multiplié lucrativement les Saumons, les Truites et les Ombres. Sans ces résultats, les procédés en question rentreraient tôt ou tard dans l'ordre des fantaisies amusantes du laboratoire, et il ne resterait de sérieux au point de vue pratique, parmi les récentes conquêtes de la pisciculture, que les heureuses combinaisons et dispositions des frayères artificielles imaginées sur différents points. C'est quelque chose déjà que d'avoir su venir habilement en aide à la nature.

Scare. — Le Scare (*Scarus*) est de la famille des Labroïdes de Cuvier; c'est un genre qui comprend plusieurs espèces, et notamment le Scare de Crète

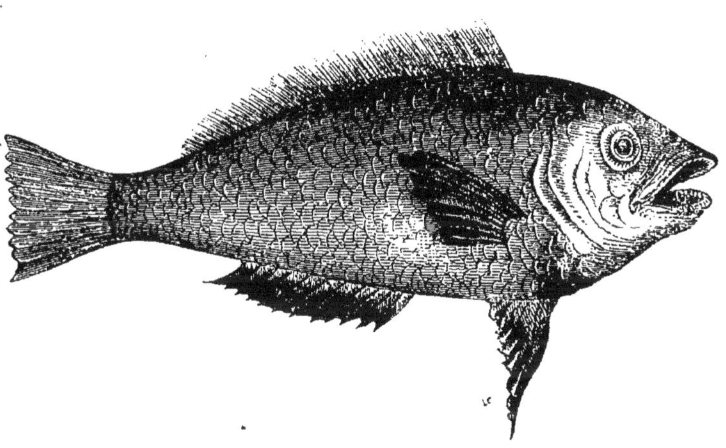

Grav. 52. — Scare.

(*Scarus Creticus* d'Aldrovande), le même, paraît-il, qui obtint chez les Romains une grande célébrité. Elipertius Optatus, commandant d'une flotte romaine sous le règne de Claude, alla, dit-on, le chercher en Grèce pour en peupler la mer d'Italie. Si nous en parlons ici, c'est encore une fois parce que Columelle l'a cité avec le Muge comme poisson acclimatable en eau douce, dans les climats chauds s'entend, et qu'il ne serait peut-être pas impossible de l'introduire dans le midi de la France.

Le Scare de Crète, comme tous les autres Scares, a le museau arrondi et des couleurs éclatantes qui ont fait donner le nom de *perroquet de mer* à ces espèces. C'est un des poissons les plus agréablement parés parmi ceux qui existent; il réunit l'éclat de l'argent à la vivacité d'un beau rouge. Sa chair est très-estimée.

CHAPITRE VIII

RÉCOLTE DES POISSONS

Toute culture finit nécessairement par une récolte. Or, la récolte des poissons, c'est la pêche.

Il y a divers moyens de prendre le poisson; nous allons les indiquer rapidement, comme il convient de le faire quand on n'a pas la prétention d'écrire un traité complet sur la matière.

Pêche par empoisonnement. — Le procédé qui consiste à empoisonner les poissons pour les prendre aisément, et en quelque sorte sans se mouiller les pieds, n'est ni honnête ni avouable, mais enfin il se rencontre des individus peu scrupuleux qui jettent de la coque du levant ou de la chaux vive dans les pièces d'eau, deux substances qui sont pour les poissons ce que la noix vomique et l'arsenic sont pour d'autres animaux.

Pêche par épuisement. — Dans les ruisseaux ou les très-petites rivières qui ont, de loin en loin, des trous de refuge pour les poissons, on détourne le courant, puis, on établit autour du trou de grossières digues avec des pierres et des gazons. Après cela, on épuise le trou en question à l'aide de seaux. On arrive ainsi, au bout d'un temps plus ou moins long, selon que la quantité d'eau à jeter hors du barrage est forte ou faible, à s'emparer de tous les poissons réunis sur ce point. On prend de cette façon les Ables, les Goujons, les Chevaines, les Loches, les Truites, etc.

Pêche au panier. — Dans les rivières qui n'ont pas plus de 40 à 50 centimètres d'eau et dont les bords sont ou excavés ou garnis d'herbes, on peut user du procédé que nous allons indiquer : On prend un de ces paniers longs et bas qui servent en Bourgogne à loger les raisins et les fruits au moment de la récolte; on entre dans l'eau, on place le panier devant soi et obliquement, de manière à former un angle avec la berge; on soutient une des extrémités du panier contre cette berge avec une jambe et de l'autre on piétine à l'ouverture de l'angle dans les herbes et dans les excavations, puis on relève le panier fréquemment. Les Ables, les Goujons, les Chevaines et les Loches s'y laissent prendre.

Pêche à la main. — On peut pêcher ainsi les Loches, les Truites, les Chevaines et les Écrevisses dont il sera parlé plus loin. Quand la Loche est cachée dans le gravier, ou sous de petites pierres, ou sous de petites herbes submergées, on l'enveloppe avec les deux mains dans sa retraite, et avec un peu d'adresse, on réussit à la prendre. Pour ce qui est du Chevaine, la pêche à la main n'est pratiquée que pendant les journées très-chaudes. Lorsque le poisson est endormi dans les herbes ou dans les trous, on glisse la main délicatement sur sa peau; il ne bouge pas, et dès que l'on arrive aux ouïes on le saisit brusquement et on le jette hors de l'eau. C'est un procédé très-destructeur. Avec les Écrevisses, on engage la main dans leurs trous, en ayant soin de ne l'aventurer que dans ceux ouverts au-dessous du niveau de l'eau, car dans les autres, on pourrait rencontrer des rats, et ceux-ci ne badinent point. Autant que possible, on cherchera à s'emparer de l'Écrevisse par la carapace. Souvent, elle saisit les doigts avec ses pinces et se laisse arracher les pattes plutôt que de céder.

Pêche à la fourchette. — On ne pêche à la fourchette que la Cobite ou Loche franche, dans les eaux très-claires et n'ayant que quelques centimètres de profondeur. Comme la Cobite se tient immobile et pour ainsi dire clouée sur le fond de sable ou de gravier, on s'arme d'une fourchette ordinaire en fer et on la plonge verticalement et vivement dans l'eau. La fourchette, on le voit, n'est qu'un diminutif de la Fouine ou du Harpon.

Pêche à la fouène ou **à la fouine.** — La fouène, ou vulgairement fouine et fouane est un harpon à trois, quatre ou cinq branches, avec lequel on prend le Saumon, le Chevaine et l'Anguille; on pourrait ajouter la Carpe, mais pour harponner celle-ci, il faut beaucoup d'adresse.

Pêche à la bouteille ou **à la carafe.** — Voici ce que dit de la carafe et de son emploi, M. Guillemard dans son livre sur LA PÊCHE : — « C'est une grande carafe de verre blanc de la contenance de quatre ou cinq litres; le fond, au lieu d'être plan comme celui des vases ordinaires de la même nature, est repoussé en cône dans l'intérieur, comme celui d'une bouteille; de plus, la pointe du cône est percée d'un trou de 2 ou 3 centimètres de diamètre, avec des bavures faisant saillie dans l'intérieur. Un pareil vase, comme on le voit, ressemble assez au tonneau des Danaïdes, et il serait difficile de s'en servir pour transporter de l'eau : aussi sa destination n'est-elle pas de retenir ce liquide, tout au contraire, ainsi que l'on va en juger. Après avoir mis dans la carafe une poignée de sable et deux ou trois poignées de son, on bouche le goulot avec un petit filet très-serré ou avec un bouchon percé de plusieurs trous; on place ensuite le vase, le goulot en amont, sur un fond de sable recouvert de 8 ou 10 centimètres d'eau formant une petite rigole avec un courant modéré. L'eau entre par le goulot et ressort par le trou du fond, entraînant continuellement avec elle quelques parcelles du son et de la fécule qu'il contient. Ce filet de liquide nourrissant attire et fait remonter les Goujons qui, poussant leur pointe de plus en plus, entrent par le trou du fond de la carafe, d'où ils ne peuvent plus désormais sortir, en raison des aspérités tranchantes contre lesquelles ils se heurtent lorsqu'ils essaient de franchir au rebours le détroit qui leur a donné entrée. »

Pêche à la nasse. — La nasse est un engin de pêche, connu de très-vieille date, et qui a donné l'idée de fabriquer la carafe à Goujons dont il vient d'être parlé. Elle consiste en un panier d'osier de forme conique, avec petite et grosse ouverture, comme dans la carafe. On bouche la petite avec un tampon de paille et on laisse habituellement la grosse ouverte, mais l'entrée y est disposée en cône rentrant comme dans la carafe, au moyen d'osiers très-minces, flexibles et pointus à leur extrémité, c'est-à-dire au sommet du cône. C'est par là que passent les poissons qui, une fois entrés, ne peuvent plus sortir. Pour amorcer ces poissons, on met dans la nasse soit du tourteau de graines oléagineuses, soit des os de porc, de petits escargots, des vers de terre, des moules de rivière, du sang caillé, etc., selon les goûts des poissons que l'on espère prendre. Nous n'avons pas besoin d'ajouter qu'il y a des nasses de toutes dimensions et qu'on les fixe dans les courants au moyen d'une corde et d'une grosse pierre. On les relève au bout de vingt-quatre heures. Ces piéges conviennent surtout dans les eaux troubles. On prend à la nasse l'Anguille, la Lamproie, le Chabot, le Goujon, l'Able, l'Éperlan, la Loche.

Plus loin, en parlant de la pêche aux filets, nous en trouverons qui sont construits sur le modèle des nasses.

Pêche à la ligne et à la mouche artificielle.

— A tout seigneur tout honneur! Commençons par la pêche au moyen de mouches artificielles. Le moment favorable, c'est quand il n'y a plus de rosée et lorsque l'eau est ridée par le souffle du vent. Aussi longtemps que le soleil donne sur l'eau, le poisson se tient à l'ombre; donc, on jetera la ligne du côté de la partie ombragée, près des bords et près des herbes. Dans le cas où il n'y aurait ni nuages au ciel, ni rides sur l'eau, on ne prendrait rien passé midi. Avec un ciel nuageux, un soleil voilé et une eau agitée à la surface, on peut pêcher à la mouche artificielle toute la journée. Le soir est le moment le plus avantageux pour cette pêche; le poisson sort de sa retraite et va vers les gués, les lavoirs, les abreuvoirs, où on ne le rencontre pas en plein jour. C'est alors, selon la recommandation de M. de Massas qu'il convient de se servir de fortes mouches et de jeter bien vite sa ligne, en observant le plus profond silence. Ce bon moment commence au déclin du jour et finit à la nuit noire; il est donc de courte durée toutes les fois qu'il ne fait pas clair de lune.

Lorsque le vent souffle avec une certaine violence, il faut pêcher dans sa direction et choisir le côté de la rivière où le flot fuit dans le sens du vent.

En mars et avril, toujours selon les observations de M. de Massas, le poisson se trouve le long des berges dans un courant insensible. En été, il gagne les réduits sombres, les courants, les cascades, tous les endroits qui lui offrent de la fraîcheur. Vers la fin de l'automne, il arrive dans les eaux dormantes et profondes, se cache sous les herbes, sous les racines et dans les trous. Il faut donc changer de place avec les saisons.

Vers la sortie de l'hiver, en avril par exemple, on doit ne se servir que de toutes petites mouches artificielles noires, pour prendre le Chevaine, la Vandoise et les Ablettes. En mai, il faut recourir aux longues cannes pour que le pêcheur soit vu plus difficilement du poisson. C'est le moment de mettre à sa ligne deux ou trois fortes mouches de nuances différentes, à l'adresse des Truites et des Saumons.

Les poissons n'abordent pas tous la ligne de la même manière : le Chevaine arrive lentement, comme s'il n'était pas pressé de mordre; la Truite, au contraire, fond sur l'appât comme une flèche. La couleur et le volume des mouches ont une grande influence sur les résultats de la pêche; ainsi quand l'eau est trouble, il faut une mouche de couleur foncée, et quelquefois même si cette eau est par trop trouble, le poisson ne l'aperçoit pas, et l'on doit recourir alors au ver ordinaire vivant que l'on promène entre deux eaux de même qne l'on promène la mouche à la surface. Les mouches peu foncées conviennent aux eaux claires; les petites mouches doivent être employées pendant le jour dans les eaux limpides; on réservera les grosses pour la pêche du soir ou au clair de lune. Les mouches fines sont bonnes pour les eaux unies; il en faut de plus fortes sous les moulins et près des barrages où les eaux sont agitées.

Avec les insectes artificiels, on prend la Truite, le Saumon, le Barbeau, le Brochet, la Brême, le Chevaine et la Perche. La Carpe n'y mord pas.

Il faut une grande habitude pour bien pêcher à la ligne artificielle. « Pour lancer la mouche, dit M. Guillemard, il faut avoir une certaine habitude. Il ne s'agit pas, en effet, de fouetter l'eau; ce procédé, renouvelé de feu Xerxès, aurait pour effet immédiat de mettre en fuite le poisson que vous voulez attirer. Il ne faut pas que la mouche tombe avec violence; il faut qu'elle descende mollement sur la surface, comme un insecte fatigué que sa légéreté naturelle soutient encore à demi lors même que ses ailes ne peuvent plus le porter. Un peu d'exercice, quelques répétitions auxquelles vous pourrez procéder même en terre ferme, sur le sable ou sur le gazon, vous apprendront à donner à votre appât les allures les plus naturelles et les moins suspectes. Le mouvement de lancer est à peu près celui que nécessite un coup de fouet dont on voudrait envoyer la mèche sur un objet déterminé; mais au moment où la mouche est arrivée en avant, à un mètre ou deux du point que vous cherchez à atteindre, il faut en arrêter l'essor par un coup de poignet qui la retient et la modère, de telle sorte qu'au lieu de se précipiter elle vienne s'asseoir doucement sur l'eau. Un peu de vent favorise singulièrement cette manœuvre en soutenant les plumes de l'insecte artificiel; un vent assez fort vous dispense même, pour ainsi dire, de la peine de lancer, car il se charge lui-même d'emporter l'appât et de le déposer au point que vous aurez d'avance marqué de l'œil. »

Pêche à toutes lignes. — Les appâts qui conviennent le mieux pour pêcher à la ligne ordinaire, sont les appâts naturels. Ainsi, offrez des mouches et des insectes aux poissons qui se tiennent entre deux eaux; des vers rouges et blancs, et aussi des graines à ceux qui se tiennent au fond de la rivière; enfin des petits poissons aux espèces les plus voraces. On doit se servir du ver de terre au printemps et à l'automne; des larves blanches ou asticots en été, parce que dans cette saison les eaux sont assez claires; cependant, si d'aventure, elles devenaient troubles, il faudrait préférer le ver rouge à la larve blanche. En juillet et août, on se servira de graines pour les poissons de fond, et vous prendrez des Anguilles, des Lottes et surtout des Carpes. Dans toutes les saisons, indistinctement, les Brochets et les Perches ne refuseront pas les petits poissons que vous mettrez au bout de vos lignes.

A défaut des appâts dont il vient d'être parlé, et même quand on les aurait, on ne doit pas oublier que la Carpe aime beaucoup le pain et la pomme de terre à moitié cuite; que le Barbeau est avide de fromage de Gruyère; que le Chevaine ne dédaigne pas les fruits mûrs, notamment les baies de raisin et les cerises; et enfin que tous nos poissons recherchent les débris de viande.

Pour ce qui est de la manière de fixer ces appâts à l'hameçon, il est bon de savoir qu'il n'est pas nécessaire de cacher la pointe de celui-ci.

Ligne ordinaire à fouetter. — C'est une ligne qui n'a pas de *flotte* ou pas de bouchon de liége, si vous aimez mieux. Elle se termine par trois hameçons aussi petits que possible, et éloignés de 50 centimètres environ l'un de l'autre. De petits plombs sont fixés sur le bas de la ligne entre les deux derniers hameçons. Le dernier de ces hameçons touche le fond de la rivière; celui du milieu ne fait que s'en rapprocher; le premier se maintient entre deux eaux. L'amorce est la même pour les trois; elle consiste en une larve blanche ou asticot. Les poissons de fond, Goujon, Barbeau et jeunes Gardons, attaquent le dernier hameçon, tandis que la Perche, l'Ablette, l'Éperlan et les petits Chevaines attaquent ceux d'en haut et du milieu. Le coup qu'ils donnent se fait sentir dans la main du pêcheur qui se tient un peu dans la rivière les pieds dans l'eau, ou sur des cailloux.

Ligne ordinaire flottante. — Avec cette ligne, on prend des Brêmes, des Gardons, des Barbeaux et même de grosses Carpes si l'on amorce avec de la pomme de terre à moitié cuite dans la graisse. Avec une ligne courte et un fort hameçon on prend dans les eaux troubles soit des Perches, soit même des Brochets, comme cela se voit dans la Seine et la Marne. En amorçant avec des petits poissons, qu'on ne descend pas dans l'eau à plus d'un mètre de profondeur, on prend des Brochets, des Perches, et des Truites. En amorçant avec du fromage de Gruyère et descendant la ligne près du fond, on peut prendre de beaux Barbeaux. En amorçant avec du sang caillé dans une rivière sur fond de gravier, on prend des Chevaines.

Lignes dormantes. — Elles se composent de trois lignes, nous dit en substance M. de Massas : une semblable à la ligne flottante, avec canne à moulinet, bas de ligne en crin de Florence double. A un demi-mètre de l'hameçon, se trouve un plomb percé qui a la forme et la grosseur d'un noyau d'olive. On amorce avec du pain trempé dans de l'huile, pour prendre des Carpes. La seconde ligne est à grelots. Avec celle-ci, on n'emploie ni canne, ni moulinet, ni flotte; au lieu de canne, on se sert d'un piquet surmonté par un petit bout de baleine qui porte un grelot; la ligne qui part du bout de la baleine, n'est qu'une forte ficelle en lin, à l'extrémité de laquelle se trouve un gros plomb; on fixe à l'hameçon un appât du volume d'une grosse noix, fait avec de la terre argileuse et des asticots. Quand les Carpes et les Barbeaux y mordent, le grelot fait du bruit. La troisième ligne se compose d'un petit piquet, d'une forte corde de lin et d'un long bas de ligne double, toujours en crin de Florence, et portant trois hameçons distancés. Ces trois hameçons forment ce que l'on appelle un *jeu*. Au premier de ces hameçons on fixe un gros ver de terre; au second un large groupe de vers blancs; au troisième du fromage; puis un gros caillou à la corde, au-dessus du point où elle s'unit au bas de la ligne. On y prend Anguilles, Barbeaux et Chevaines.

Ligne à soutenir. — La pêche à la ligne à soutenir est très productive, et se fait la nuit : à cet effet, le pêcheur monte une barque et s'installe presque au milieu de la rivière. Puis, de chaque main, il tient une ligne pareille à celle dont on se sert pour la pêche au grelot.

Ligne de fond. — On se sert principalement de ces lignes pour la pêche des Anguilles et des Truites. Pour cela, on les tend la nuit et on les retire quand le jour paraît. Les lignes de fond ne diffèrent des *jeux* que parce que le bas de ligne n'est pas en crin de Florence et que ce bas de ligne ne porte qu'un seul hameçon. Ce sont des cordes très-longues, que l'on retient au fond de l'eau à l'aide de fortes pierres et auxquelles on attache de nombreux hameçons; ou bien encore, ce sont des ficelles de plusieurs mètres de longueur, attachées à des piquets, tenues à fond par des cailloux et terminées par un fort hameçon.

Pêche aux filets. — Les filets, dont on se sert le plus ordinairement sont : l'épervier, le carrelet ou échiquier, la trouble ou truble, la senne, le tramail, le verveux, la louve et le dideau.

Epervier. — L'épervier, dont on se sert pour prendre toutes sortes de poissons d'eau douce, gros et petits, est une sorte de large cloche, bordée près de sa base d'une corde garnie ou de balles ou de bagues de plomb, et attachée à son sommet à une autre corde, destinée à retirer le filet de l'eau. Nous n'avons pas à expliquer dans ce livre la manière de lancer l'épervier; elle exige une certaine force et quelque adresse, surtout quand on opère au bord d'une rivière étroite et garnie d'arbres, et qu'il devient nécessaire, à cause de cela, de le développer en longueur. Nous dirons seulement que l'épervier emprisonne parfaitement les poissons qui se rencontrent à la place où il tombe, et que ces poissons voulant fuir, s'engagent dans les bourses ou poches qui sont à la base du filet. Une recommandation essentielle à adresser aux pêcheurs à l'épervier, c'est de mettre une blouse. Sans cette précaution, il pourrait arriver que les mailles du filet, saisissent un bouton d'habit, et que lancé à toute volée, l'épervier entraînât le pêcheur avec lui. C'est ce qui est arrivé trop souvent. Les rivières pierreuses, malpropres, pleines de débris d'arbres, sont funestes à l'épervier qui ramasse tout ce qu'il rencontre, ne peut plus se fermer, laisse échapper le poisson, par conséquent, se déchire sous les efforts de celui qui le tire sans précautions et devient très-difficile à dégager. C'est pour empêcher les maraudeurs de se servir de l'épervier, que les propriétaires de petits étangs et de viviers enfoncent dans ces pièces d'eau, sur les points menacés, des pieux armés de quelques clous obliques de haut en bas.

Carrelet ou *échiquier*. — Le carrelet, disent MM. A. René et C. Liersel, « consiste en une nappe carrée de 1 mètre à deux mètres de côté. Il se tend sur deux portions de cerceau qui se croisent et qu'on attache au bout d'une perche plus ou moins longue. On borde ce filet avec une corde solide et bien travaillée. Les mailles du milieu sont ordinairement plus serrées que celles des bords, afin de prendre de petits poissons tels que les Ablettes. »

C'est le filet le plus généralement employé dans nos fleuves et nos grandes rivières pour prendre des poissons d'un petit volume. Toutefois, il convient que les endroits où l'on pêche n'aient pas plus de 1 mètre à deux mètres et demi de profondeur, car le succès dépend de la rapidité de la manœuvre. On comprend que pour sortir le carrelet d'une couche d'eau trop profonde, on donne aux poissons qui s'y sont engagés le temps de s'échapper. Cependant il arrive fort souvent qu'on promène le carrelet entre deux eaux, et dans ce cas, la profondeur du fleuve ou de la rivière nous est fort indifférente. D'habitude, on s'en sert en eau trouble, mais on peut également s'en servir avec avantage en eau claire, pourvu que la nappe liquide ne soit pas épaisse, qu'on voie bien le fond de la rivière et les poissons s'y promener, et pourvu aussi que le pêcheur puisse se placer de façon à n'être pas trop vu non plus de ces mêmes poissons. Le voisinage d'un bateau, sur lequel se place le pêcheur, répond très-bien à ces exigences, surtout quand on a eu soin de jeter au fond de la rivière des débris de vaisselle blanche qui permettent de découvrir très-distinctement les poissons. Les Goujons et les Ables sont les principales victimes de ce filet, les Barbeaux et les Perches s'y font prendre aussi quelquefois.

Trouble. — C'est avec le carrelet que les Nantais pêchent les Aloses et les Caranx ; c'est avec une sorte de trouble qu'on pêche les Aloses dans le Rhône ; seulement, de ce côté, l'engin se modifie un peu et change de nom ; on l'appelle *araignée.* Voici comment se pratique cette pêche aux Aloses, d'après notre ancien camarade Curnier :

« Le pêcheur se met en ouvrage. Armé d'une poche en filet à grandes mailles et peu profonde, montée sur un cercle en lattes de saule, emmanchée d'une perche de deux à trois mètres, il la plonge à l'avant de son bateau du côté du large, il la descend en pesant sur le bout du manche, perpendiculairement à la surface de l'eau, et une fois que tout est noyé, il laisse le courant, entrainer le filet, en ayant soin de le maintenir toujours dans sa position, en l'accompagnant ou l'aidant d'une main attentive et intelligente. L'Alose est un poisson très-vif, doué d'une grande puissance natatoire; il importe donc que la poche se fasse lestement, sans quoi, comme ce filet n'offre aucune espèce de goulot de nasse, qu'il est à fond, très rapproché et très-plat, le poisson a le temps de s'échapper; un bon courant est nécessaire, puisque c'est lui qui doit imprimer sa vitesse au filet. On comprend qne l'*araignée*, intercepte le passage dans la tranche d'eau correspondant à sa circonférence, le poisson allant dans un sens, celui opposé au courant, tandis que le filet le suit, le moment important est celui où cette rencontre a lieu. Le poisson est touché mais bien s'en faut qu'il soit pris, il faut l'amener à la surface, et notez qu'il n'y a pour le retenir ni engin, ni traquenard d'aucune sorte. Aussitôt que le filet noyé en tête du bateau, en a suivi la longueur, une corde qui s'y fixe, porte et se raidit. On cesse de peser sur le filet, qui tend alors avec impétuosité à quitter la position forcée où il est maintenu, pour reprendre sa position naturelle, c'est-à-dire flotter horizontalement. C'est à ce moment que le pêcheur a à donner tous ses soins pour faire émerger le filet simultanément sur tous les points de sa circonférence; de là dépend la bonté du coup, car si votre filet émerge droit au lieu de venir à plat, adieu le succès ! fût-il plein d'Aloses, il versera tout dans le fleuve. Le poisson, lorsque le coup est bien donné, est prisonnier alors dans la partie lâche du filet qui flotte au-delà du bord extérieur du cercle. Cette pêche est très fatiguante. On comprend en effet que le maniement d'une espèce de *poële* de 20 à 25 pieds de tour fichée au bout d'un long bâton, et cela au milieu d'un courant rapide, ne soit pas précisément un amusement de femmelette. Les hommes qui s'y livrent, donnent environ 40 à 50 coups par heure, et se relèvent toutes les deux heures. »

En général, les troubles sont rondes comme celles des pêcheurs d'Aloses du Rhône, mais il y en a de demi-circulaires et même de carrées. On ne pêche pas à la trouble en eau claire.

Senne. — La senne est assurément le plus simple des engins connus; c'est une bande en filet, d'une longueur très-variable et d'une largeur que l'on règle habituellement sur la profondeur des eaux dans lesquelles on se propose de pêcher. L'un des bords est garni de morceaux de liége et l'autre de morceaux de plomb, de façon que cette bande de filet soutenue sur l'eau par le liége et tendue au fond de la rivière par le plomb, forme une clôture à claire-voie. C'est comme une muraille en fil que l'on oppose au passage des poissons, et à l'aide de laquelle on les enveloppe. Il suffit, à cet effet, de fixer un des bouts de la senne à l'une des rives, de tendre l'engin jusqu'à l'autre rive au fur et à mesure que le bateau qui le porte gagne cette autre rive, et après cela, on s'arrange de manière à décrire un large cercle et à faire joindre les deux bouts. Dès qu'ils se joignent, les pêcheurs amènent la senne à eux, en rétrécissant le cercle peu à peu et entraînent les poissons sur le rivage, en prenant certaines précautions pour que les Brochets ne sautent point par-dessus les morceaux de liége.

Si le fond des rivières était bien uni, ce qui ne se présente guère, la pêche à la senne détruirait une masse considérable de poissons; elle ramasse tout.

Tramail. — Pour rendre plus efficace l'action de la senne, on lui adjoint le tramail, autre filet que l'on place aussi en travers de la rivière à quelques centaines de mètres de la senne. Celle-ci n'a plus d'autre fonction à remplir que de balayer le poisson devant elle et de le jeter dans le tramail qui se soutient lui aussi verticalement à l'aide de lièges et de plombs, et qui n'est en définitive que le *hallier* avec lequel les chasseurs prennent les perdrix, les cailles, les râles, etc.

Ce tramail se compose de trois filets superposés, celui du milieu à mailles assez étroites et en losange, est la *nappe*; les deux autres sont les *aumées*, à mailles larges et carrées. La nappe est deux ou trois fois plus longue et plus large que les aumées et n'occupe pas plus de place, par ce qu'elle est froncée. Or, voici ce qui se passe : le poisson chassé par la senne que les pêcheurs en nombre plus ou moins considérable traînent en travers de la rivière, le poisson, disons-nous, arrive au tramail, passe dans les larges mailles de l'aumée, force la nappe ou le filet du milieu qui cède et s'engage dans les mailles de l'aumée qui se trouve de l'autre côté et forme une poche dans laquelle le poisson se trouve bien pris.

On pourrait, dans les petites rivières, combiner l'action de l'épervier avec celle du tramail. L'épervier traîné par deux personnes, remplirait l'office de la senne et chasserait le poisson vers le tramail.

Verveux. — Le verveux n'est autre chose que la nasse ou la carafe à Goujons perfectionnée. Au lieu d'un piége en verre ou en osier, nous nous servons d'un piége en filet monté sur cerceaux de bois, qui a sur la nasse l'avantage d'être plus léger et de convenir mieux aux eaux claires.

Louve ou *Tambour*. — La louve ou tambour est un verveux ouvert au poisson par les deux bouts. Il n'est pas nécessaire d'ajouter que les appâts qui conviennent pour attirer les poissons dans la nasse conviennent également pour les attirer dans le verveux et le tambour.

Dideau. — On donne ce nom à un large et long filet, en forme de chausse que l'on tend au milieu des courants rapides ou sous les chûtes d'eau. Les poissons qui y tombent n'en sortent qu'en mauvais état, meurtris ou à demi-morts. Les véritables amateurs de pêche trouvent cet engin indigne d'eux.

DEUXIÈME PARTIE

CULTURE DES CRUSTACÉS DES RIVIÈRES ET DE LA MER

CHAPITRE PREMIER

ÉCREVISSES DE RIVIÈRE

La classe des Crustacés comprend un certain nombre d'animaux parmi lesquels nous ne citerons que les Écrevisses, les Homards, les Langoustes, les Chevrettes (Crevettes) et l'Araignée de mer.

Écrevisse de rivière (*Astacus fluviatilis*). — Ce Crustacé est très-connu de nos lecteurs, en sorte que nous pouvons nous dispenser de le décrire. On ne confondra l'Écrevisse de rivière avec aucun autre animal; donc son signalement ne servirait à rien. Ce qui nous intéresse en elle, c'est plutôt sa manière de vivre que sa conformation.

L'Écrevisse affectionne les eaux claires et courantes,

peu profondes, les petites rivières et les petits ruisseaux à fond pierreux. Elle se tient sous les pierres ou dans des trous, dont elle ne sort que pour chercher sa nourriture qui se compose de petits Mollusques, de frai de poissons, de poissons à peine éclos, de poissons morts et de chairs gâtées comme celles des cadavres d'animaux qu'on jette à l'eau. On assure qu'elle peut vivre au-delà de vingt ans, et alors elle atteint des proportions énormes qui la rendent précieuse sur une table bien servie, quoique, à notre avis, le volume ne prouve point la qualité.

L'accouplement des Écrevisses, qui a lieu ventre à ventre, se fait ordinairement en avril. Environ deux mois après, la femelle pond un grand nombre d'œufs qu'elle fixe aux filets mobiles qui garnissent l'abdomen, désigné à tort sous le nom de queue. D'après M. Chabot, l'éclosion n'arrive qu'au bout de trois semaines ou un mois. — « Rien n'est plus curieux, ajoute-t-il, que de voir se hasarder autour de la mère toutes ces petites bêtes, pendant que, près d'un des bords du ruisseau, sur un petit fond de gravier, elle repose tranquille en les surveillant. Faites le moindre bruit et aussitôt elles se réfugient dans les filets de la mère qui, par un prompt mouvement de recul, les emporte au plus vîte. Nous ne croyons pas que la mère surveille, porte et garde cette plantureuse couvée plus de dix à vingt jours[1]. »

Les Écrevisses ne se développent pas graduellement, à la manière de la plupart des autres animaux;

[1] *Encyclopédie pratique de l'Agriculteur*. T. VI.

leur dure carapace s'y oppose. Pour grossir, elles sont pour ainsi dire forcées de changer d'habit, de rejeter celui qui est devenu trop étroit, et d'en prendre un plus large. Cette opération des Écrevisses sur elles-mêmes constitue la mue. Elles changent ainsi de peau ou d'enveloppe plusieurs fois par an dans leur jeunesse, puis une seule fois seulement chaque année, dans le courant de l'été, entre le mois de mai et le mois de septembre. Vraisemblablement, la mue commence par les mâles et les jeunes femelles qui n'ont pas encore pondu et finit par les mères; sans cela, elle coïnciderait pour beaucoup avec l'incubation, ce qui n'est point admissible.

Réaumur nous dit que quelques jours avant ce changement de peau, les Écrevisses cessent de prendre de la nourriture; alors si l'on appuie le doigt sur l'écaille, elle plie, ce qui prouve qu'elle n'est pas soutenue par les chairs. Quelque temps avant l'instant de la mue, l'Écrevisse frotte ses pattes les unes contre les autres, se retourne sur le dos, replie et étend sa queue à différentes fois, agite ses antennes et fait d'autres mouvements dans le but sans doute de détacher sa peau pour la quitter; elle gonfle son corps, et il se fait entre le premier anneau de l'abdomen et la carapace qui s'étend depuis elle jusqu'à la tête, une ouverture qui met à découvert le corps de l'Écrevisse. Il est d'un brun foncé, tandis qne la vieille écaille est d'un brun verdâtre. Après cette rupture, l'animal reste quelque temps en repos; ensuite il fait différents mouvements et gonfle les parties qui sont sous la carapace. On nous permettra de ne pas suivre jusqu'au bout ce travail de renouvellement et de développement qui intéresse plus la Zoologie que la Pisciculture. Contentons-nous de savoir que l'Écrevisse se débarrasse de sa vieille peau sans la rompre, que le travail de la mue est très-pénible, surtout pour les jeunes Écrevisses, qui muent plus souvent que les autres et qu'un certain nombre de ces jeunes Écrevisses y succombent. Nous ajouterons que pour opérer ce changement de peau, elles se cachent du mieux qu'elles peuvent, afin de se soustraire à leurs ennemis qui les trouveraient incapables de se défendre, et que parmi ces ennemis, les Écrevisses en bonne santé ne sont pas les moins redoutables.

En définitive, une Écrevisse qui a remplacé sa dure carapace par une enveloppe sans consistance court de grands dangers pendant quelques jours, d'abord parce qu'elle est vulnérable sur toutes les parties de son corps, et ensuite parce qu'elle n'a plus ni la force de fuir, ni celle de résister aux attaques dont elle peut être l'objet.

Cette situation difficile, heureusement pour l'animal, n'est pas de longue durée. Réaumur avance qu'au bout de deux ou trois jours et parfois même en moins de temps, la nouvelle enveloppe devient aussi dure que l'ancienne. La plupart des auteurs ont accepté l'assertion de Réaumur, sans la vérifier, et l'ont reproduite purement et simplement, à l'exception de M. Chabot qui en conteste l'exactitude, au moins en ce qui concerne les Écrevisses des eaux de la Vallée de Montmorency, chez lesquelles l'endurcissement de la carapace exige de quinze jours à trois semaines.

D'où vient la substance employée à la confection de cette carapace? On ne sait rien de précis là-dessus; Mounsey croit avec Réaumur que les deux corps calcaires appelés vulgairement *yeux d'Écrevisse*, sont dissous dans l'estomac de l'animal et servent à la formation et au durcissement de la nouvelle enveloppe. Cette opinion est assez admissible, et voici pourquoi : chez les Écrevisses prêtes à muer, on rencontre toujours sur les côtés de l'estomac les deux corps calcaires dont il vient d'être parlé, mais ils disparaissent pendant la mue et ne se retrouvent plus chez les Écrevisses qui viennent de changer de peau.

La mue n'est pas la seule particularité qui frappe les observateurs d'Écrevisses; on remarque aussi la faculté qu'ont ces Crustacés de refaire leurs pattes, leurs antennes et leurs mâchoires, quand elles ont été rompues accidentellement ou volontairement. On n'explique pas la chose; on se contente de la constater.

Les pisciculteurs n'ont pas à se mettre en frais d'efforts pour la multiplication des Écrevisses. Le mieux, lorsqu'on en voit diminuer le nombre dans un ruisseau ou une rivière, est de s'abstenir de la pêche pendant une année ou deux, et plutôt deux années qu'une. L'Écrevisse ne grossit pas vite; il faut, pour devenir marchande, qu'elle ait au moins trois ans. Il convient aussi d'interdire la pêche au moment de la multiplication.

L'Écrevisse cherche le plus ordinairement sa nourriture pendant la nuit, et c'est alors qu'elle quitte son trou ou qu'elle sort de dessous les pierres. Cependant il n'est pas rare, même en plein jour, de voir de nombreuses Écrevisses se promener sur le fond graveleux de ruisseaux ou de rivières, dans des eaux limpides qui n'ont que quelques centimètres de profondeur.

L'art de pêcher les Écrevisses n'offre aucune difficulté et repose nécessairement sur l'étude de leurs mœurs et de leurs goûts. On les amorce avec de la viande gâtée, ou bien on les prend à la main sous les pierres ou dans leurs trous, au risque de mettre la main sur des rats quand on a la maladresse de l'engager dans des trous ouverts au-dessus du niveau de l'eau, ainsi que nous avons eu déjà l'occasion de le faire remarquer.

Dans quelques pays, il est d'usage d'élever des Écrevisses dans les étangs, en compagnie du poisson. C'est un usage que nous n'approuvons pas et pour trois raisons : en premier lieu, elles n'y prospèrent guère; en second lieu, elles nous obligent à murer la chaussée, où sans cette précaution elles pratiqueraient des trous; enfin, elles mangent le frai du poisson. Quand on veut élever des Écrevisses près d'une habitation, le mieux certainement est d'ouvrir à cet effet des réservoirs spéciaux, comme on en voit dans la Hesse-Électorale. On a soin de ménager sur les bords de ces réservoirs et dans la chaussée des trous de refuge, en même temps que l'on place au fond des bassins des souches d'arbres creuses et garnies de leurs racines. Pourvu que l'eau soit fraîche et courante, c'est-à-dire constamment renouvelée, et pourvu aussi que le fond des réservoirs repose sur la marne ou sur une argile qui ne soit pas très-compacte, on réussira dans l'élevage des Écrevisses.

Si l'on donnait à ces Écrevisses une eau qui ne fût pas à leur convenance, elles sortiraient du réservoir pour chercher mieux et souvent pour aller périr sur l'herbe à quelque distance de là. Il y a prudence parconséquent, selon le conseil de M. Koltz, à ne pas leur accorder tout de suite pleine liberté dans l'étang qu'on leur destine. Il faut s'y prendre comme avec les premières paires de pigeons destinées à peupler un colombier, c'est-à-dire ne leur donner carte blanche qu'après la ponte. Pour cela, on met les Écrevisses dans des paniers à claire-voie où on les nourrit avec des débris de boucherie et des viandes gâtées, jusqu'au moment de la ponte. Après cela, on les sort des paniers et on les abandonne à elles-mêmes. Elles doivent-être acclimatées, ou elles ne le seront jamais.

Les étangs à Écrevisses sont souvent d'un meilleur rapport que les étangs à poissons, quand, bien entendu, on a eu soin de les établir, sinon à proximité d'un grand centre de population, au moins à une distance qui en permette le transport en toute sécurité. On voudra bien remarquer à ce propos que les Écrevisses vivent assez longtemps hors de l'eau, du moment où on les garde en lieu frais ou dans des bourriches garnies d'herbe verte. Sous ce rapport, à tort ou à raison, la grande ortie est préférée à toute autre herbe.

Les naturalistes ne nous entretiennent sous le nom d'Écrevisse de rivière que d'une seule espèce, mais les pêcheurs en reconnaissent au moins deux qui sont : l'Écrevisse à pattes rouges et l'Écrevisse à pattes grises. La première, c'est-à-dire celle dont les pattes portent des marques rouges, est plus estimée que la seconde.

CHAPITRE II

HOMARD ET LANGOUSTE

Écrevisse-homard (*Astacus marinus*). (grav. 53). — Le Homard n'est autre qu'une Écrevisse de mer, d'un gros volume et atteignant souvent 50 centimètres de longueur. Son enveloppe est d'un brun verdâtre qui passe à une belle couleur rouge, comme celle de l'Écrevisse de rivière, après la cuisson. Il habite les côtes de l'Océan, de la Manche et de la Méditerranée, dans les parties rocheuses et trouées, à une faible profondeur. La femelle pond de septembre en décembre, quinze ou vingt jours après l'accouplement. L'incubation dure six mois et l'éclosion a lieu de mars en mai, d'après les observations de M. Coste.

Un décret du 27 mai 1857 permet de pêcher en tout temps le Homard et la Langouste, mais à la condition expresse, pour les pêcheurs, de rejeter à la mer les femelles *grenées*, c'est-à-dire qui ont leurs œufs sous la queue. Le décret n'est pas observé rigoureusement, et il est impossible qu'il le soit. Pour se soustraire à cette obligation, on brosse les œufs.

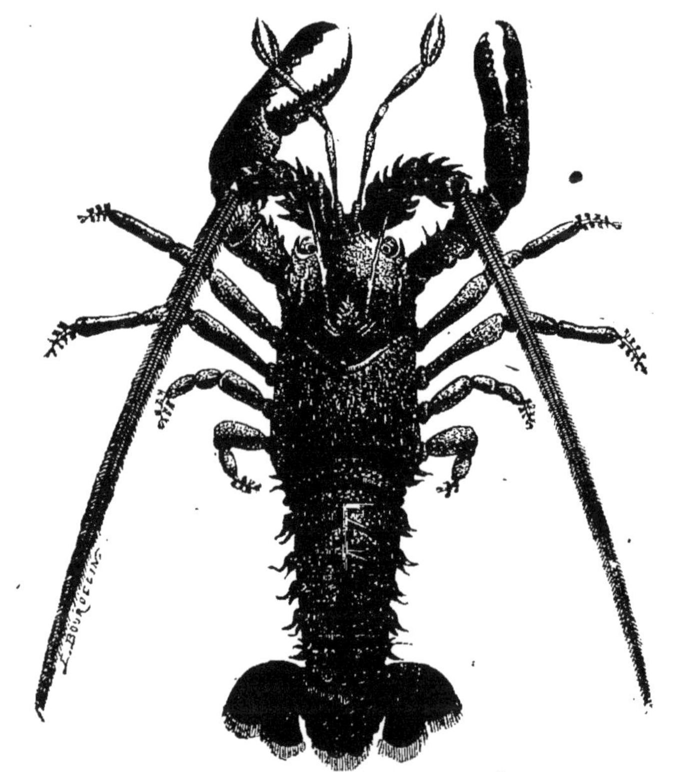

Grav. 53. — Homard.

On estime à 20,000 œufs le produit de la ponte d'une femelle de Homard, mais les ennemis et les mues en détruisent nécessairement le plus grand nombre. On sait que les mues sont très-pénibles pour les Écrevisses de rivière ; elles ne le sont pas moins pour les

Écrevisses de mer, surtout pendant les premières années, attendu qu'elles sont fréquentes. — « Chaque jeune Homard, dit M. Coste, perd et refait sa carapace de huit à dix fois en sa première année ; de cinq à sept en la seconde; de trois à quatre en la troisième; de deux à trois en la quatrième. »

A l'âge de quatre ans, le Homard ne mesure guére que 18 centimètres, de façon qu'il n'atteint la taille *réglementaire* qu'à l'âge de cinq ans, taille au-dessous de laquelle la vente de ce Crustacé est interdite.

M. Coste, dans l'intérêt général, voudrait que la pêche des Homards fut interdite en mars, avril et mai, époque habituelle des éclosions et qu'il fût défendu de prendre tout Homard ou toute Langouste qui, « de la partie postérieure de l'œil à la naissance de la queue, n'a pas 22 centimètres de long. » — « Au-dessous de cette taille, ajoute-t-il, les pêcheurs en retirent peu de profit. Les marchands exigent qu'ils leur en livrent deux ou trois douzaines pour une, au prix de six à sept francs, valeur ordinaire d'une douzaine de sujets de grandeur moyenne. C'est un fait dont j'ai été plusieurs fois témoin à Concarneau. »

Concarneau est une petite ville du Finistère où M. Coste a établi un laboratoire, c'est-à-dire une piscine d'expérimentation, dont on ne saurait méconnaître l'utilité. Les habitants de la mer n'ont pu jusqu'ici être étudiés avec le même succès que les habitants d'eaux douces. Les premiers échappent trop facilement à l'observateur. Il convient donc de les placer sous sa main pour mieux les voir. C'est ce qu'a fait M. Coste pour la Sole, le Turbot, la Barbue, le

Homard, la Langouste, la Raie, le Congre, etc., qui tous, affirme-t-il, s'accommodent parfaitement du régime de la stabulation, et s'engraissent à ce régime, comme les animaux de nos basses-cours.

« Quand nos pêcheurs, écrivait M. Coste en 1861, auront ainsi des bergeries aquatiques à leur disposition, ils seront libres de ne porter la récolte sur le marché qu'au moment où il y aura chance d'une vente lucrative ; tandis que, en l'état actuel des choses, ils se trouvent placés entre la nécessité d'une livraison à tout prix et celle de la perte du fruit de leur travail, car leur denrée se détériore si elle ne passe pas sans délai dans la consommation.

« Les clients, de leur côté, pourront désigner d'avance, pour le service de leur table ou le besoin de leur commerce, le nombre, la taille, le poids des sujets dont ils réclameront l'envoi, et les détenteurs de ces garennes les leur feront parvenir au jour et à l'heure convenus. Il n'y aura donc plus, grâce à cette facilité d'expédition, ni perte, ni avarie. Le négoce des fruits de la mer s'opèrera avec autant de sécurité et de précision que celui des fruits de la terre. »

M. Coste a fait construire à Concarneau, un vivier-laboratoire de 1,500 mètres de superficie, destiné à servir de modèle aux pêcheurs disposés à entrer dans la voie du progrès. On ne se plaindra certes pas des promesses faites par son fondateur ; elles sont brillantes et entraînantes, et alors même qu'on n'en réaliserait que la moitié, on devrait déjà s'estimer fort heureux.

Langouste commune (grav. 54). (*Palinurus vul-*

garis). — Les personnes qui ne connaissent pas un mot d'histoire naturelle, mais qui, en revanche, connaissent bien la Langouste, la définissent ainsi : — C'est un

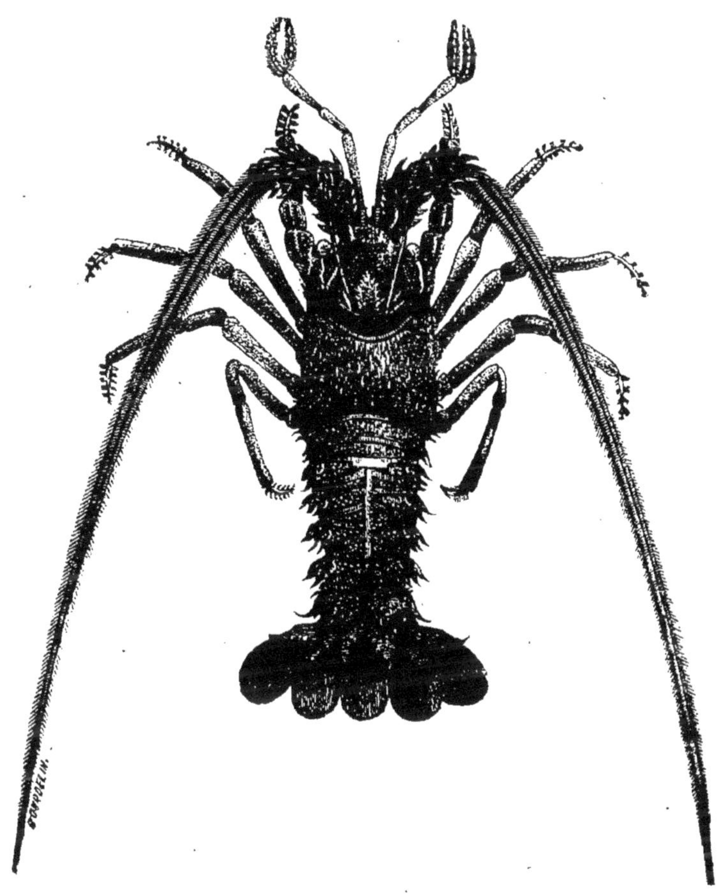

Grav. 54. — Langouste commune.

Homard qui n'a pas de pinces, dont la carapace est très-rugueuse, tandis qu'elle est lisse dans le Homard, qui a des taches jaunes par places, tandis que le

Homard n'en a pas, qui a la chair jaunâtre tandis que celle du Homard est bien blanche, qui se corrompt vîte hors de l'eau de mer tandis que le Homard se conserve assez bien. Cette définition n'a pas seulement le mérite d'être courte, elle a celui en outre de se mettre à la portée de tout le monde; on s'y retrouve du premier coup. On nous permettra donc de ne pas en donner d'autre.

La Langouste est très-commune dans la Méditerranée; on la trouve aussi sur les côtes de l'Océan. M. Coste, d'après les observations faites au laboratoire de Concarneau, nous apprend que, pour la Langouste, le nombre des pariades et des accouplements, très-restreint d'abord, va en augmentant du 1er septembre à la fin de novembre, que l'émission des œufs a lieu quinze ou vingt jours après cet accouplement, que ces œufs peuvent s'élever pour chaque femelle au chiffre moyen de 100,000, que l'incubation dure six mois comme chez la femelle du Homard, et que les naissances, par conséquent, se produisent en mars et avril. Ces renseignements sont en contradiction complète avec ceux que nous fournissent la plupart des naturalistes qui prétendent que les œufs ne restent attachés à la queue de la mère que pendant une vingtaine de jours, après quoi elle les détacherait tous ensemble pour les fixer aux rochers ou les abandonner aux vagues. Cette version nous paraît très-invraisemblable, tandis que celle de M. Coste nous paraît, au contraire, conforme à ce qui se passe chez les autres Écrevisses, et par conséquent plus admissible que la précédente.

Tout ce qui a été dit plus haut à l'endroit des Homards, s'applique aux Langoustes.

CHAPITRE III

CHEVRETTES ET ARAIGNÉE DE MER

Chevrettes. — A Paris, on nomme Chevrette le Crangon vulgaire (*Crangon vulgaris*) et Crevette le *Palœmon serratus*. Du côté de la Rochelle, c'est tout le contraire. La Chevrette des marins est notre Crevette de Paris, tandis que notre Chevrette de Paris est pour eux le *bouc*. Il s'agit donc de bien s'entendre sur la valeur des mots.

Le *Crangon vulgaire* (grav. 55) qui est le *bouc* des environs de la Rochelle et la *Chevrette* des Parisiens, est un petit Crustacé gris qui n'a pas de longues barbes et qui n'est guère recherché. Le *Palœmon serratus* (grav. 56), au contraire, qui est la *Chevrette* des environs de la Rochelle et la *Crevette* des Parisiens, a les barbes longues et est très-estimée.

La multiplication et la conservation en bassins de

ces deux Crustacés d'espèce différente ont été tentées dès 1853 par la Société des sciences naturelles de la Charente-Inférieure. M. Racaud, maire d'Esnandes, les a tentées de son côté l'année dernière sur le Cran-

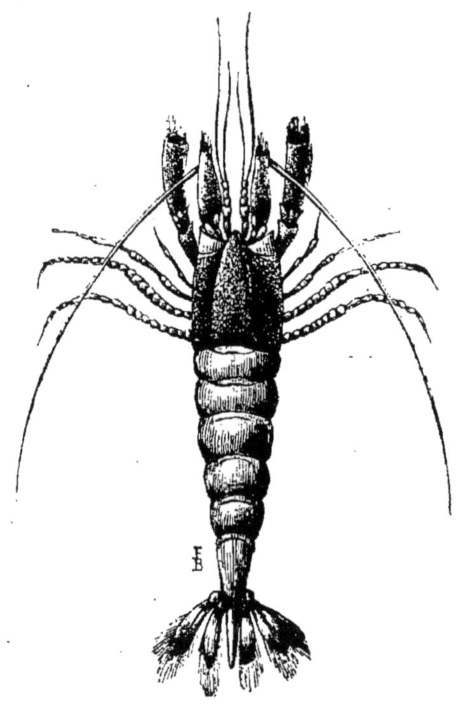

Grav. 55. — Crangon vulgaire, ou Chevrette des parisiens, ou bouc des environs de la Rochelle.

gon vulgaire, et voici dans quel but. — « Il y aurait avantage, nous disait M. Racaud, à déposer des *boucs* l'été (de mai à octobre) dans des bassins, à l'imitation des claires qui servent aux Huîtres. On pourrait en vendre l'hiver, époque à laquelle on n'en a pas, tandis qu'on en a trop en été. Ils remplaceraient d'ailleurs la *Chevrette* (*Palœmon*) qu'on ne rencontre en hiver, ni en mer, ni sur les marchés.

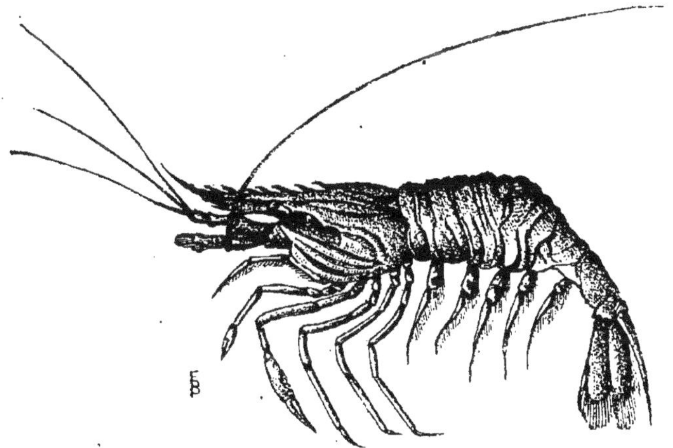

Grav. 56. — Palœmon serratus, ou Crevette des parisiens, ou Chevrette des environs de la Rochelle.

« J'en ai fait l'essai cette année, mais les derniers coups ds vent ont été d'une violence telle que les vagues ont passé par-dessus mes bassins et mes boucs pourraient bien ne plus être où je les ai mis. »

La crainte était fondée, car M. Racaud qui s'est montré d'une obligeance charmante à notre endroit, a voulu nous faire voir des boucs et n'a pu en trouver qu'un seul dans le bassin.

Il va sans dire que si l'essai lui réussissait avec les boucs, il y soumettrait bien vîte les Chevrettes qui ont plus de valeur.

Pour ce qui est des essais auxquels s'est livrée la Société des sciences naturelles de la Charente-Inférieure, nous extrayons les lignes suivantes d'un rapport lu en 1854. Nous ne savons rien sur ce qui s'est passé depuis.

« Vous avez, disait M. Savary, président rapporteur, manifesté le désir que pour bien reconnaître les effets de l'hiver sur les Chevrettes et sur les Huîtres soumises à nos expériences, on fit vider l'un au moins de nos bassins, dont le fond, vous le savez, étant plus bas que les basses mers, ne se trouve jamais naturellement à sec. Votre commission s'est à cet effet réunie sur les lieux; des dispositions avaient été prises pour qu'on pût procéder aux opérations ordonnées.

« Nous avons commencé par l'un des bassins où se trouvent les Chevrettes; au fur et à mesure de l'abaissement de l'eau nous avons été désagréablement choqués, il faut le dire, par la vue d'une vase noire assez épaisse, qui, dans l'espace d'une année seulement, en est venue à recouvrir le fond et les côtés de notre excavation.

« C'est un des grands obstacles qu'oppose à de telles expériences la mer de nos contrées, qui est toujours chargée d'une assez grande quantité de vase, qu'elle tient en suspension et qu'elle laisse se déposer sur le fond. A dire vrai, nous n'avons pris aucune précaution pour nous en garantir; n'ayant pas un homme à nous, qui dût s'occuper spécialement de la manœuvre des vannes, nous avons laissé l'eau entrer et sortir à chaque marée; la faible somme que nous avions à notre disposition et surtout le peu de certitude du succès de nos expériences ne nous avaient pas engagés à faire la dépense nécessaire pour une meilleure direction à donner à la manutention des eaux.

Cependant, lors de la construction de notre établissement, nous avions bien prévu l'inconvénient dont nous venons de parler et, pour qu'on pût l'éviter, nous avions établi un fossé de ceinture où l'eau doit se reposer et se décanter, pour ainsi dire, avant d'entrer dans nos bassins. Maintenant que la Société, encouragée par une première réussite dans nos essais, a bien voulu consentir à la dépense nécessaire pour l'emploi d'un surveillant, l'aménagement des eaux sera fait avec plus de soins. De plus, nous avons essayé d'un système de filtres ; nous ferons encore d'autres recherches à cet égard pour tâcher d'arriver à rendre nos bassins moins exposés à être déformés et en partie comblés par ces dépôts de vase.

« Quoi qu'il en soit, voici quelle a été la suite de nos observations : nous nous attendions à trouver nos petites Chevrettes ensevelies dans ce bourbier ; c'est cette même vase, disions-nous, qui aura empêché les dépouilles de celles qui étaient mortes, les carapaces vides, de remonter à la surface. Au lieu de cela, nous avons été agréablement surpris en retrouvant nos jeunes Chevrettes, écloses l'année dernière dans le bassin, fort remuantes, fort vives, sans que nous ayons découvert le cadavre d'une seule d'entre elles. Bien plus, quelle a été notre satisfaction quand nous avons reconnu que la plupart étaient dans un état intéressant, c'est-à-dire pleines d'œufs ! Ainsi donc, en dépit des circonstances si défavorables que nous avons décrites et qui sont inséparables d'une première expérience, faite d'ailleurs avec parcimonie, non-seulement nos Chevrettes ont vécu, passé par des journées d'été très-chaudes et par le froid d'un hiver très-rigoureux; non-seulement, disons-nous, elles ont vécu, mais encores elles se sont reproduites dans l'esclavage. Ce point assurément peut être regardé comme le terme des espérances que nous pouvions former.

« Une circonstance nous surprend, c'est la petitesse du corps de nos Chevrettes après un an d'existence et lorsque déjà elles se reproduisent; elles n'ont presque pas grossi depuis l'année dernière; sans doute ce Crustacé a besoin de plusieurs années pour sa croissance; nous voyons, pour des coquillages élevés dans nos parcs, les Moules, les Huîtres, qu'il faut trois ans pour le complet développement.

« Comme nous voulons prévoir tous les malheurs qui peuvent nous arriver dans nos essais, nous nous demandons si cette petitesse de corps, dont nous nous préoccupons, ne serait pas l'effet d'une dégénérescence, résultant de la captivité. Rien n'est moins probable cependant. Nous devons dire d'ailleurs, pour achever de nous rassurer à cet égard, que ne connaissant pas bien, au commencement de nos expériences, les différentes espèces de Chevrettes qui sont sur nos côtes, nous avons mis en très-grande majorité des individus-mères appartenant à la plus petite espèce.

« Cette année nous faisons, pour vérifier le degré d'influence de ce fait, une expérience dans un bassin à part où nous ne mettrons que des Chevrettes de la grosse espèce.

« Nous avons du reste retrouvé seulement une ou

deux des mères que nous avions mises dans le bassin l'année dernière. Comme il restait encore des flaques d'eau sur le fond, nous pensons qu'elles s'y étaient refugiées, se défendant mieux que les petites ; si elles avaient succombé, leurs carapaces auraient été retrouvées. Du reste, dans le cas même où elles n'auraient pas supporté d'être ainsi réduites à un petit espace d'eau, nous aurions très-peu de raisons de nous en préoccuper ; en effet, c'est ce qui arrive à tout animal réduit tardivement en captivité ; ainsi de vieux oiseaux meurent si on les renferme en cage. Les petites Chevrettes, nées dans nos bassins, n'éprouveront pas cet inconvénient. »

Araignée de mer (*Maïa squinado*). — Le nom de ce Crustacé n'est pas appétissant, mais il n'en est pas moins comestible, et il est à remarquer qu'il atteint environ le poids de 2 kilos. Il y aurait donc quelque intérêt à l'étudier et à le multiplier.

TROISIÈME PARTIE

CULTURE DES MOLLUSQUES MARINS

CHAPITRE PREMIER

CULTURE DES HUITRES

Les seuls Mollusques marins dignes de fixer notre attention sont les Huîtres et les Moules. Les unes et les autres entrent pour des quantités très-considérables dans la consommation, d'autant plus considérables que les voies ferrées leur ouvrent constamment de nouveaux débouchés. Il ne suffit donc plus de produire en Mollusques ce qu'on produisait il y a vingt ou trente ans ; ce produit ne répondrait plus aux besoins du jour ; il faut pour y faire face, ou recourir à des importations onéreuses qui ne seront pas toujours possibles, ou créer, c'est-à-dire, dans le cas particulier, venir en aide à la nature. Ce dernier moyen est assurément celui qui mérite la préférence. Aussi longtemps que les besoins ont été limités, nous avons pu gaspiller nos richesses ; à présent que les besoins sont très-étendus et s'étendent tous les jours davantage, le gaspillage nous est interdit et nous devons recueillir précieusement les éléments de multiplication ou de reproduction, dont nous ne prenions point souci en des temps d'abondance.

Les animaux marins, aussi bien que ceux d'eau douce, se multiplieraient d'une manière prodigieuse si tous les embryons fécondés pouvaient se développer en sécurité au milieu de circonstances favorables. Quiconque ouvre les yeux et observe en reste convaincu. Donc, la formule du progrès doit se poser en ces termes : — Étant donnés des éléments de multiplication presque illimités, trouver les moyens de soustraire ces germes aux nombreuses causes de destruction qui les entourent et aider la nature à atteindre son but. — On a résolu le problème pour les Truites, les Saumons, la plupart de nos meilleurs poissons d'eau douce ; pourquoi ne le résoudrait-on pas pour les Huîtres et les Moules, pour les Huîtres surtout, dont le prix va sans cesse en s'élevant, parce que la demande s'élève et aussi parce que la production diminue.

Huître (*Ostrea*). — L'Huître vit sur les côtes de la mer, à une faible profondeur et sur les points les plus calmes. Les eaux trop courantes ne lui conviennent pas. Elle s'attache aux rochers, aux racines d'arbres, aux objets qu'elle rencontre et s'y immobilise sa vie durant. Très-souvent aussi, pour ne pas dire le plus souvent, l'Huitre s'attache à la coquille d'autres Huîtres, s'y accumule et finit par former des masses rocheuses, bien connues sous le nom de *bancs d'Huîtres.* On exploite ces bancs pour la consommation, et à mesure de l'exploitation, quand elle ne dépasse pas certaines limites, les bancs se reforment, se rétablissent. En temps de pêche, et par la marée basse, les pauvres familles du littoral profitent des moments où les bancs se découvrent et en détachent à la main les Huîtres marchandes, c'est-à-dire celles qui ont de douze à dix-huit mois et dont la largeur est alors de 5 à 7 centimètres. Les pêcheurs, en position d'avoir une drague, n'ont pas besoin d'attendre la marée ; ils exercent leur industrie à toute heure de la journée. La drague consiste en un instrument de fer, en forme de pelle recourbée, auquel est adapté un filet ou une poche en cuir. On l'attache à un bateau qui, poussé par le vent, le manœuvre comme si c'était un râteau et détache les Huîtres. On ramasse ainsi, écrivait M. Lair, jusqu'à onze ou douze cents Huîtres à la fois.

Nous verrons plus loin à quel régime on les soumet et quelles préparations on leur fait subir avant de les livrer à la consommation.

Voici comment, à Nantes, on classe les Huîtres pour la qualité : 1° Celles de la Rochelle ou mieux de Marennes, et sur le même rang les Huîtres de Pennerf, près de Vannes, qui, malheureusement, commencent à dégénérer et à s'amoindrir ; 2° celles de Courseul-sur-mer (Calvados) et de Cancale ; 3° Enfin celles de Quimper, Brest et Lorient.

L'Huître est hermaphrodite et ovipare, autrement dit elle réunit les deux sexes et se reproduit d'elle-même sans accouplement, au moyen d'œufs. Les Huîtres laiteuses, si justement dédaignées, sont des Huîtres qui frayent ; les Huîtres mâles et les Huîtres femelles que de prétendus connaisseurs demandent de temps à autre, n'existent réellement que dans leur imagination, puisque ce Mollusque est, nous le répétons, mâle et femelle à la fois.

Pour bien faire ressortir la nécessité de veiller à la multiplication des Huîtres, et de seconder intelligemment la nature dans son œuvre de reproduction, il convient d'exposer la situation de l'industrie huîtrière, en ce qui regarde la France.

Il résulte d'un rapport de M. Coste qu'elle tombe en décadence, et qu'il y a urgence d'y porter remède. Nous extrayons de ce rapport, qui date de février 1858, les passages suivants, dont la signification nous paraît alarmante :

— « A la Rochelle, à Marennes, à Rochefort, aux îles de Ré et d'Oléron, sur vingt-trois bancs formant naguère l'une des richesses de cette portion de notre littoral, il y en a dix-huit de complétement ruinés, pendant que ceux qui fournissent encore un certain produit sont gravement compromis par l'invasion croissante des Moules. Aussi les éleveurs de ces contrées, ne pouvant plus y trouver une récolte suffisante pour garnir leurs *parcs* et leurs *claires* du coquillage qu'ils y engraissent ou qu'ils y perfectionnent, sont-ils contraints d'aller le chercher à grands frais jusque sur les côtes de la Bretagne, sans suffire pour cela aux besoins de la consommation.

« La baie de Saint-Brieuc, si admirablement et si naturellement appropriée à la reproduction de l'Huître, et qui portait autrefois, sur son fond solide et toujours propre, quinze bancs en pleine activité, n'en a plus que trois aujourd'hui, dont avec vingt bateaux on enlèverait en quelques jours jusqu'à la dernière coquille, tandis que, au temps de la prospérité du golfe, plus de deux-cents barques, montées par quatorze cents hommes, étaient occupées, chaque année, à l'exploiter du 1er octobre au 1er avril, et y trouvaient de 3 à 400,000 fr. de récolte.

« Dans la rade de Brest et à l'embouchure des rivières de la Bretagne, la décadence fait de moins rapides progrès, parce que ces parages fertiles n'ont pas encore subi une aussi active exploitation. Mais comme le dépeuplement des autres parties de notre littoral oblige d'aller leur demander ce qu'on ne rencontre plus ailleurs, ils marchent visiblement vers la même ruine.

« A Cancale et à Granville, dans ces deux quartiers classiques de la multiplication du coquillage, ce n'est qu'à force de soins et de bonne administration qu'on réussit, non point à accroître la récolte, mais à modérer son déclin. »

M. Coste proposa tout de suite un remède à cette situation déplorable. « Ce remède, dit-il, consiste à entreprendre, aux frais de l'État, par les soins de l'administration de la marine et au moyen de ses vaisseaux, l'ensemencement du littoral de la France, de manière à repeupler les bancs ruinés, à raviver ceux qui s'éteignent, à étendre ceux qui prospèrent, à en créer de nouveaux partout où la nature des fonds permettra d'en établir. Et quand, par cette généreuse initiative ces champs producteurs auront pris en tous lieux un développement suffisant, on pourra alors les soumettre au régime salutaire des coupes réglées, laissant reposer les uns pendant qu'on exploitera les autres; régime qui, depuis un siècle, préserve les baies de Cancale et de Granville de la destruction qu'une pêche abusive cause partout ailleurs. »

Il fut décidé que le golfe de Saint-Brieuc serait le théâtre d'une entreprise de cette nature, et la somme nécessaire pour la réaliser fut allouée. Au mois de mars 1858, les opérations furent donc commencées sous la surveillance de M. Coste, et durèrent environ un mois. Voici de quelle manière on procéda aux semailles d'Huîtres : — Naturellement, on prit des Huîtres pour avoir des Huîtres, comme on prend du blé pour avoir du blé. On en tira de l'endroit où l'on était, de Cancale, de Tréguier, et une fois la semence de coquillages ainsi sous la main, on s'arrangea de façon à la répartir le mieux possible en dix places différentes du golfe. Ces dix places avaient été marquées d'avance sur la carte marine et formaient ensemble une superficie de mille hectares. Des matelots placés sur des bateaux, remorqués par un aviso à vapeur de l'État et tenant des mannes d'Huîtres, les versaient dans le sillage, et la graine de Mollusques, s'il est permis de s'exprimer ainsi, descendait au fond de la mer et s'y éparpillait convenablement. L'heure de la ponte était venue ; les Huîtres allaient passer à l'état laiteux. Il fallait donc tout aussitôt, afin d'assurer le succès de l'entreprise, envelopper les Huîtres semées et prêtes à pondre, de corps solides propres à fixer les embryons au sortir des valves. C'est justement ce que l'on fit. On se dit que dans l'état de nature, les jeunes Huîtres à peine écloses s'attachent aux coquilles mères, et, partant de cette observation, on copia la nature. On ramassa des coquilles d'Huîtres sur la plage de Cancale; des pêcheurs les conduisirent au golfe de Saint-Brieuc dans un état complétement sec, et puis on les répandit dans la mer de manière à entourer et à recouvrir les Huîtres mères. On se croyait assuré par cet artifice tout-à-fait nouveau de retenir d'innombrables embryons qui, sans cela, eussent été perdus dans la vase ou entraînés par les vagues.

M. Coste ne s'en tînt pas à ce seul artifice; il compléta l'œuvre par un second procédé très-simple et très-ingénieux. Il pensa que, malgré l'abondance des points d'appui offerts aux Huîtres au moment de l'éclosion, il y en aurait toujours des quantités considérables emportées par les tourbillons sous-marins, avant qu'elles aient eu le temps de se souder aux écailles apportées de la plage de Cancale. Il s'agissait, par conséquent, de sauver une partie de ces embryons emportés par la rapidité des courants, de placer des corps solides en travers de leur passage, et c'est encore ce qui fût exécuté. On se servit pour cela de branchages liés en fagots au moyen d'un filin, et chaque fagot fût attaché à un lest de pierre qui le descendit dans les profondeurs sous-marines (gr. 57) et le maintint à 30 ou 40 centimètres du fond. On reconnut bientôt que le filin pourrissait vite et il fut tout de suite question de le remplacer par des chaînes en fer galvanisé ; mais c'est là un simple détail auquel nous ne nous arrêtons pas.

Les prévisions qui avaient donné l'idée de ce second procédé de fixation des Huîtres ne tardèrent point à se réaliser ; le *naissain* (c'est le nom qu'on donne au frai de l'Huître) s'attacha aux fascines comme aux écailles. Au bout de six mois on compta jusqu'à 20,000 Huîtres sur une seule fascine.

L'expérience paraissant décisive, on songea au repeuplement de notre littoral tout entier et même à l'emploi des procédés de multiplication dans les bassins où l'on élève les Huîtres et que l'on nomme tantôt *parcs,* tantôt *claires,* selon leur destination.

Nous prenons la liberté d'ouvrir ici une parenthèse et de dire un mot de ces parcs et de ces claires, afin de rendre plus intelligibles les opérations de multiplication, dont nous aurons à vous entretenir tout-à-l'heure.

Les Huîtres qu'on vient de pêcher d'une manière quelconque, à la main ou à la drague, ne sont pas toujours, comme on pourrait le croire, livrées immédiatement à la consommation. Elles ne sont ni assez grosses, ni assez grasses, et il paraîtrait même qu'en certains endroits, il y aurait danger à les manger tout de suite. On se souvient de personnes sérieusement indisposées pour avoir mangé des Huîtres de Marennes. Cet accident, on s'en souvient aussi, jeta sur le lieu

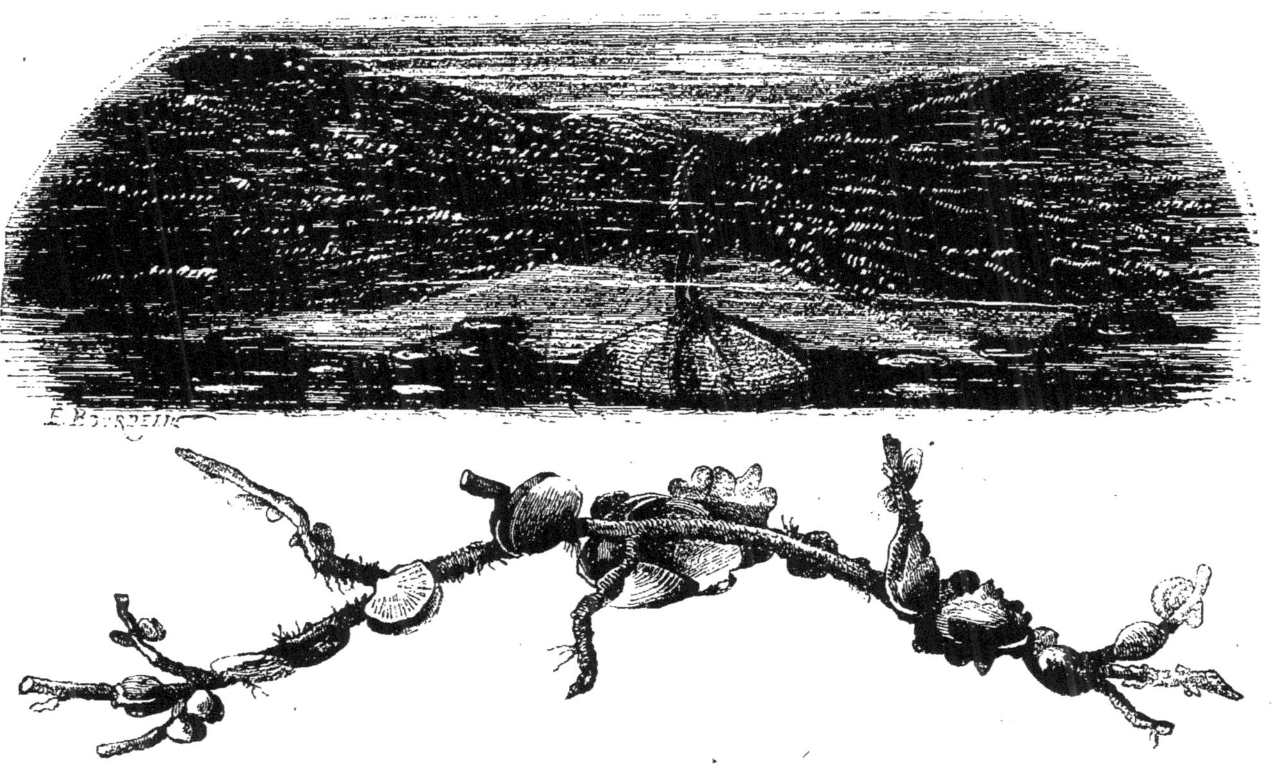

Grav. 57. — Fascine des huîtrières de Saint-Brieuc.

de provenance un discrédit momentané et l'on dût fournir des explications et annoncer qu'on allait prendre des mesures de surveillance rigoureuse. De ces explications, il est résulté que les Huîtres toxiques proviennent de l'étranger, qu'on les tire de Falmouth, qu'elles contiennent du cuivre, mais qu'après avoir passé six mois dans les parcs, elles deviennent excellentes. C'est très-croyable; on admet très-bien que des bancs d'Huîtres soient exploités dans le voisinage de mines de cuivre et s'en ressentent, mais il n'en est pas moins vrai que cette pensée jette de l'inquiétude et qu'il y a des négociants déloyaux qui n'attendent pas les six mois de parcage pour réaliser.

Mais reprenons notre sujet au point où nous nous sommes permis la digression qu'on vient de lire, et répétons que les Huîtres, fraîchement pêchées, sont tout au moins de qualité très-inférieure. Pour qu'elles deviennent bonnes, il faut les parquer à quelque distance de la côte dans des bassins qui ne soient accessibles au flux de la mer que deux fois par mois, à l'époque des grandes marées. Ces bassins ont de 1 mètre à 1m,33 de profondeur. D'après M. Lair, de Caen, un parc bien fait[1] doit avoir son enceinte garnie d'une couche de petit galet et de sable, afin que l'eau soit toujours limpide, et sa surface doit aller en diminuant insensiblement en forme de glacis qui s'incline vers le centre. On place les Huîtres à mi-bord afin d'éviter le contact de l'air et la main du voleur. M. Lair ajoute que le succès des parcs dépend de l'absence de tout

[1] M. Lair aurait dû dire *claire* et non parc.

sable mouvant ou entraîné par l'air ; qu'un seul grain, entré dans l'intérieur d'une Huître, peut lui donner la mort ; que le plus petit morceau de chaux est nuisible à ce mollusque ; que l'eau doit toujours venir de la mer, jamais d'une rivière, qu'elle doit être renouvelée au moins deux fois par mois, aux nouvelles et aux pleines lunes.

Les éleveurs de l'arrondissement de Marennes, qui produisent assurément les Huîtres les plus renommées de France, donnent à leurs bassins d'engraissement le nom de *claires*. Ces claires sont très-nombreuses. Les mieux placées sont, d'après M. Coste, celles qui *boivent* deux ou trois jours avant et autant après les grandes marées. En deçà et au-delà de cette distance, elles boivent un peu trop ou ne boivent pas assez. Voici, au reste, la description qu'en a faite le savant professeur dans son *Voyage* d'exploration sur le littoral :

— « Les claires sont des espaces qui n'ont ni régularité dans le plan, ni uniformité dans les dimensions. Leur grandeur varie cependant, en moyenne, de 250 à 300 mètres carrés de superficie. Elles sont bordées d'une levée en terre, appelée *chantier*, haute et épaisse d'environ 1 mètre, formant une digue sur laquelle les *amareilleurs* circulent pour exercer la surveillance, ou pour se livrer aux manœuvres de l'exploitation ; digue qui offre assez de solidité pour résister à la pression quand ces bassins sont remplis. Une écluse, articulée à une tranchée pratiquée à la paroi de cette digue, permet de régler à volonté l'entrée et la sortie de l'eau de la mer, de la maintenir, pendant l'intervalle des grandes malines, au niveau qui convient aux besoins de l'industrie, de l'étouler entièrement quand il faut nettoyer le réservoir pour en parer le fond et y mettre les Huîtres à verdir.

« Dans une claire bien ordonnée, on ménage aussi, au bas de la digue, et dans tout son pourtour intérieur, un fossé destiné à recevoir les vases amenées par les flots sur le plateau central que ce fossé circonscrit, et à préserver ainsi les jeunes élèves de ce limon malsain. Le plateau lui-même, pour que tout concoure au but qu'on se propose, est légérement incliné du centre vers ses bords, afin que, par une douce pente, les matières nuisibles puissent glisser vers leur récipient; mais un pareil perfectionnement n'est pas absolument nécessaire, et un grand nombre d'éleveurs se dispensent d'y avoir recours.

« Lorsque ces travaux de construction sont terminés, on profite de la première grande maline pour remplir le réservoir où, quand les flots se retirent, l'écluse permet désormais de retenir les eaux captives. Le séjour prolongé de ces eaux dans cette espèce d'appareil hydraulique pénètre la terre d'un dépôt salé qui lui donne des qualités analogues à celles des fonds marins, et la purge de tous les produits nuisibles qu'avant sa submersion elle pouvait renfermer; puis, quand vient le moment où l'on juge que ce fond doit être mis en exploitation, on vide la claire, afin de laisser, selon l'expression des amareilleurs, *parer le sol*.

« Cette préparation, qui peut se faire à toutes les

époques de l'année, n'a lieu, le plus ordinairement, qu'en mars, avril et juin. Elle consiste à sécher la claire, afin de l'aplanir comme une allée de jardin, ou comme une aire destinée à battre le grain ; tous les corps étrangers, toutes les herbes mortes ou croissantes, en sont enlevés avec le plus grand soin, pour que, sur ce glacis durci par les rayons du soleil, rien ne devienne un obstacle au libre développement et à l'acclimatation du Mollusque comestible qu'on veut y élever.

« Au bout de deux ou trois mois, le sol est paré, c'est-à-dire qu'il a pris toute la consistance nécessaire pour que les Huîtres ne s'y enfoncent pas. On avise donc alors au moyen d'en peupler la surface, en suivant, dans cette opération, les règles établies par une expérience séculaire ; règles qui sont susceptibles de perfectionnements considérables, dont l'introduction élèvera la production à un niveau bien supérieur, en même temps qu'elle abaissera le prix de la marchandise. »

A présent que nous connaissons les claires, examinons l'usage qu'on en fait vers le mois de septembre. Alors que la saison de la ponte est passée, on autorise la pêche des Huîtres en mer, et naturellement tout le monde y court, et chacun s'y prend comme il peut pour en récolter abondamment. A mesure qu'on les récolte, on les met dans des réservoirs d'entrepôt sur le bord même de la mer, réservoirs que les marées couvrent d'eau deux fois par jour. Les Huîtres ne sont mises là que provisoirement. Elles se conservent blanches, s'y développent et s'y bonifient un peu. Au bout de quelque temps, on vend les plus grosses dans les environs, sans qu'elles aient parqué, ce qui nous explique pourquoi il vaut mieux demander des Huîtres délicates à Paris que d'aller les chercher à Granville ou à Ostende.

Dès que les plus grosses Huîtres sont enlevées, les amareilleurs font un choix parmi les plus jeunes, qui ont de douze à quinze mois, s'attachent aux jolies formes, séparent celles qui sont soudées entr'elles, les nettoient et les emportent dans les claires pour les y élever et les engraisser pendant plusieurs années. On les répartit à la main sur le sol du bassin, de façon à ce qu'elles ne puissent se gêner dans leur développement, et, dans ces conditions, le *journal* de claires qui équivaut à peu près au tiers d'un hectare, en reçoit cinq mille environ. Les jeunes élèves baignent là constamment dans l'eau de mer, sous une nappe qui varie entre 18 et 30 centimètres d'épaisseur, et qui ne se renouvelle plus, avons-nous dit que deux fois par mois. Les amareilleurs, qui sont en quelque sorte les bergers du troupeau, veillent alors à ce que l'élevage se fasse régulièrement. Ils réparent les digues au besoin; ils empêchent les infiltrations de se produire; ils suivent de près le mouvement des eaux qui entrent et sortent aux époques connues; ils s'arrangent de manière à tenir l'eau assez élevée à l'approche des grands froids, attendu que les Huîtres sont sensibles à la gelée et que l'imprévoyance peut compromettre les opérations, comme à Marennes en 1820, date d'un grand désastre. Ce sont les amareilleurs qui ont l'œil sur les Huîtres du parc chaque fois que le limon y arrive en abondance et les menace. Il faut alors les enlever en toute hâte, les transporter tout près de là dans un réservoir d'attente prêt à les recevoir. Ceux qui n'ont pas de claire de rechange, en sont réduits à nettoyer les Huîtres envasées avec la plus grande précaution et à s'imposer de la sorte des frais de main-d'œuvre assez onéreux. Ce déménagement pour les uns, ce nettoyage pour les autres n'arrivent guère qu'une fois par an, mais c'est déjà une rude et délicate besogne.

Dans une opération consciencieusement conduite, il faut au moins deux années de séjour au parc pour que des Huîtres de douze à quinze mois acquièrent un développement, une graisse et un état de *viridité* convenables ; celles qui y passent trois et même quatre ans sont réputées parfaites et font honneur à l'industrie huîtrière. Après ce laps de temps, le coquillage est épais et l'animal qui a verdi plus ou moins, a nécessairement une valeur exceptionnelle. C'est un morceau de maître dans toute la rigueur du mot. Mais n'allez pas croire que le plus grand nombre des Huîtres de belle apparence aient deux, trois et quatre ans de parc. Beaucoup sont placées dans les claires à un âge avancé et dès qu'elles sont devenues vertes, on les livre à la consommation.

M. Coste nous apprend que les Huîtres de Marennes ne verdissent pas en été ; il y a mieux, c'est qu'en cette saison, les Huîtres déjà vertes, se décolorent et ne reprennent la teinte recherchée qu'après la ponte. On est donc après cela fondé à supposer que l'époque de la reproduction est la principale cause de l'effet qui se manifeste : cependant on se demande pourquoi les Huîtres que l'on parque à ce moment restent toujours blanches. Il y a encore là-dessous des mystères impénétrables, au moins jusqu'à présent.

La coloration des Huîtres n'est pas uniquement subordonnée aux dates du parcage ; elle relève encore d'autres causes inexpliquées. Dans certains bassins, elle se produit facilement ; dans d'autres, au contraire, elle se produit mal ou ne se produit pas. Toutefois, il semble résulter en fait d'après des expériences assez récentes que les bassins à fond marneux de couleur bleue verdâtre, ont à un haut degré la propriété de verdir les Huîtres, et que cet avantage acquis aux claires de Marennes leur a valu la renommée dont elles jouissent. Qu'y-a-t-il de particulier dans ces terres argileuses ? On l'ignore, et nous nous bornons à enregistrer un fait que nous ne nous chargeons pas d'éclaircir. Ce fait, après tout, a son importance. Savoir que le sol possède la faculté de verdir les Huîtres, c'est déjà quelque chose, et nous devons nous en contenter, en attendant que l'on sache la raison scientifique de cette faculté.

Ce qui préoccupe surtout en ce moment nos ostréoculteurs, c'est la question de multiplication des coquillages dans les bassins où on les élève. Ils ne perdent point dans ces réservoirs leurs facultés prolifiques ; là, comme dans la mer, les Huîtres deviennent laiteuses, autrement dit, elles pondent aux époques fixées par la nature, mais on remarquera que leur progéniture, faute de rencontrer des corps solides, périt presqu'entièrement. Et Dieu sait combien est grande la perte de ce chef, puisqu'on porte à des millions la nichée de chaque Huître adulte.

Le problème à résoudre est celui-ci : Trouver des moyens faciles et économiques de recueillir sûrement dans les parcs les embryons d'Huîtres qui, chaque année, se perdent par milliards dans la vase. — On croit qu'on le résoudra, si, bien entendu, le limon est le seul obstacle sérieux à la reproduction de ce Mollusque. Pour sauver le naissain, il suffirait, pense-t-on, d'empêcher ce limon de l'envahir et les vagues de l'emporter mort ou mourant au moment de la marée basse. Il y aurait, pour cela, quelque chose à modifier dans l'endiguement, un pavage à établir avec des écailles d'Huîtres, et des pieux à présenter au naissain, soit en les plantant dans les bassins, soit en les suspendant à des radeaux. Ces procédés ont été proposés par M. Coste, et l'on a cru à leur efficacité. Mais nous devons ajouter que jusqu'à ce moment les résultats n'ont pas répondu aux espérances. Tous les renseignements que nous avons pu recueillir sur divers points du littoral, sont peu satisfaisants. Beaucoup d'Huîtres ont été semées, mais très-peu ont levé, et les bancs que l'on attendait ne se forment pas. Faut-il pour cela condamner les essais et les interrompre? Ce n'est pas notre avis. Les procédés indiqués par M. Coste ne sont pas nouveaux, à l'exception de celui qui consiste à fournir des écailles d'Huîtres pour point d'appui, et s'il est établi qu'ils ont réussi à certaines époques et sur certains points, il n'y a pas de raison pour en désespérer de notre temps. Or, voici ce que nous lisons, dans le nº de janvier 1823, du *Journal d'Agriculture du Royaume des Pays-Bas* : — « Cet animal (l'Huître), condamné par la nature à demeurer fixé au premier point d'appui auquel le frai s'est attaché, y prend son accroissement, et l'on sert, sur les tables à Cayenne, etc., des racines de Manglier chargées d'Huîtres..... Dans le Bosphore de Thrace, les Grecs amènent des navires chargés d'Huîtres et les jettent à la pelle dans la mer, pour y perpétuer l'espèce. »

Les racines de Manglier ressemblent beaucoup aux fascines de M. Coste, et les semis des Grecs ressemblent beaucoup aux siens. On voit par là que les opérations tentées de nos jours ont des précédents et qu'elles n'ont pas un caractère déraisonnable. Elles coûtent cher, nous en convenons, mais si le succès couronnait les efforts, on ne se plaindrait plus des sacrifices. Malheureusement, le succès ne se produit pas et les récriminations ont beau jeu. Quoiqu'il en soit, les personnes intelligentes et non prévenues admettent que si l'on s'est trompé, ça été de bonne foi, et que tout le bruit qui s'est fait autour de l'ostréoculture, a eu, à défaut de mieux, le mérite d'agiter les esprits, d'attirer l'attention de ce côté et de provoquer des essais.

Dans la question huîtrière, qui est fort peu connue, même à quelques lieues seulement du littoral, deux intérêts contraires sont en présence : l'interêt des pêcheurs d'Huîtres qui n'en cultivent pas ou n'en cultivent guère, et l'intérêt des cultivateurs d'Huîtres qui n'en pêchent pas en mer. Les premiers n'ont qu'une occupation, c'est de ravager les bancs de ces Mollusques avec la drague; les seconds, que l'on nomme amareilleurs, ne s'occupent qu'à élever et à engraisser les Huîtres, et font des vœux pour que la pêche à la drague soit interdite.

Les fascines, disent les cultivateurs d'Huîtres, demandent trop de frais et les semis n'aboutissent à rien. Il faut laisser les Huîtres former leurs bancs où bon leur semble et empêcher le draguage; il faut considérer les bancs d'Huîtres comme des nids et n'y point toucher. C'est de ces nids qu'arrive le frai jeté sur la côte par les vagues; qu'on le reçoive dans les parcs et qu'on multiplie ceux-ci; ce sera le meilleur moyen de multiplier les Huîtres.

Cette opinion, partagée par un grand nombre de personnes très-compétentes, ne saurait évidemment faire le compte des pêcheurs, et si elle était prise en considération, on entendrait certes de beaux cris parmi les populations du littoral. On continuera donc de draguer et de dévaster les bancs d'Huîtres, c'est-à-dire de ruiner les porte-graines.

Si on respectait ces bancs, on aurait chaque année des quantités prodigieuses de frai, et il suffirait de multiplier les parcs et les claires pour grossir rapidement le chiffre des produits.

Voulez-vous savoir quelle distinction on établit entre les *parcs* et les *claires?* Nous allons vous l'apprendre.

Le parc est un bassin placé au bord de la mer, formé de murs à sec et dont le fond est garni de pierres jetées les unes à côté des autres. La claire est, au contraire, on l'a vu précédemment, un bassin un peu éloigné de la mer, à fond uni et endigué avec de la terre, de façon à retenir l'eau. Le parc reçoit tous les jours l'eau de la mer et se découvre tous les jours aussi; la claire ne la reçoit que deux fois par mois et en conserve une certaine quantité; le frai d'Huître que la mer rejette, s'attache au fond pierreux du parc et s'y développe; la claire ne reçoit que les Huîtres d'un certain âge, et sert à leur développement et à leur engraissement; le parc fortifie l'Huître en l'exposant alternativement à l'eau salée qui se renouvelle sans cesse et aux influences de l'air à chaque marée basse; la claire affaiblit l'Huître en la tenant constamment sous une eau de mer rarement renouvelée et à laquelle vient s'ajouter quelque fois, comme à Marennes, l'eau douce de rivière, qui contribue à engraisser et à affadir l'Huître, mais au détriment de sa santé. En un mot, en matière d'ostréoculture, le parc est à la claire ce que, dans une exploitation rurale, la prairie est à l'étable.

Il serait à désirer sans doute que les Huîtres pussent se reproduire dans les claires aussi bien que dans les parcs, mais il est impossible, paraît-il, d'obtenir cette multiplication au moyen d'écailles étendues au fond de la claire; elles se couvrent de vase, quoique l'on fasse, et tout espoir est perdu. Les pierres du fond des parcs n'ont pas cet inconvénient; elles s'envasent moins, et puis on les retourne fréquemment, en sorte que la vase se détache et que l'on n'a pas à craindre que les algues s'y attachent et nuisent à la croissance des jeunes Huîtres. Mais alors même que l'on arriverait à assurer la multiplication dans les claires, les produits n'auraient probablement pas la force qu'ils ont dans les parcs, et les jeunes Huîtres de claires seraient vraisemblablement plus sujettes aux maladies et plus sensibles à l'action des grands froids et des grandes sécheresses que les jeunes Huîtres de parcs.

Nous avons vu précédemment que l'on attribue à la nature du sol des claires la propriété de verdir les Huîtres. M. le docteur Sauvé, de la Rochelle, ne partage pas cet avis. Il affirme que dans une claire, divisée en plusieurs compartiments, on peut faire verdir à volonté les Huîtres d'un compartiment, tandis que celles d'un autre compartiment resteront blanches; d'où il suit que la composition du sol ne serait pour rien dans cette affaire. Nous n'en savons pas davantage, et personnellement nous n'attachons pas d'importance à la viridité des Huîtres, car nous préférons les Huîtres blanches de Cancale aux Huîtres vertes de Marennes qui nous paraissent trop grasses et trop fades.

CHAPITRE II

CULTURE DES MOULES

Moule comestible (*Mytilus edulis*). — La Moule comestible, la seule que l'on trouve sur nos marchés, est un Mollusque très-commun sur les côtes de France. On en consomme des quantités formidables, mais la production se soutient et répond aux besoins de façon à ne donner aucune inquiétude pour l'avenir. La facilité et la rapidité des échanges n'ont pas eu pour les Moules les mêmes conséquences que pour les Huîtres. Celles-ci sont allées satisfaire sur tous les points de l'intérieur des désirs nombreux, exprimés de vieille date et jusqu'ici combattus par les distances. La consommation de ce coquillage s'est étendue brusquement et gagne chaque jour du terrain. Les Moules, moins recherchées et entourées d'une réputation qui n'est pas de nature à lui ouvrir des débouchés, restent cantonnées dans un vieux cercle de consommateurs et n'en sortent pour ainsi dire qu'accidentellement. C'est dans le département de la Seine, dans le Nord et dans les villes du littoral que se fait en grande partie la consommation des Moules, et naturellement quand les populations de ces contrées augmentent, la consommation suit le mouvement. Ainsi on comprend très-bien que le Paris de 1864 doit absorber plus de Moules que le Paris de 1830. En somme, la demande se proportionne au chiffre de population d'un territoire acquis de temps immémorial, non à l'extension sensible de ce territoire. Voilà pourquoi les Moules suffisent largement aux besoins de la clientèle.

La Moule est un coquillage trop connu pour qu'une description minutieuse soit nécessaire; nous nous contenterons de dire qu'à l'extérieur, la coquille est d'un violet foncé ou qu'elle est fouettée de violet sombre sur un fond un peu éclairci; à l'intérieur, elle est blanche, à l'exception du limbe et des empreintes musculaires qui sont violets. Il en existe toutefois une espèce roussâtre, plus petite que la précédente et à valves plus minces, qui porte sur les côtes de la Normandie, le nom de *Moule blonde* et que l'on estime beaucoup.

Les Moules en réputation sont celles de Villerville dans le Calvados et de la baie de l'Aiguillon, tout près de la Rochelle.

Il y a déjà longtemps qu'on citait encore comme excellente la Moule d'Afrique (*Mytilus afer*), commune sur les côtes de Barbarie, et nous sommes à nous demander pourquoi on ne renouvelle pas les essais d'acclimatation dont elle a été l'objet à Marseille. Voici ce qu'on rapporte à ce propos : — « Cette espèce a donné lieu à une observation curieuse. Comme l'animal est très-bon à manger, un bâtiment d'Alger en ayant apporté quelques unes attachées à sa carène, à Marseille, on les sèma et elles se multiplièrent promptement. Le banc qui en résulta fut soigné et exploité pendant plusieurs années, jusqu'à ce que l'avidité d'un marchand d'histoire naturelle, qui avait acheté la moulière par spéculation, la détruisit entièrement.

Qui est-ce qui empêcherait de la rétablir?

Les personnes qui ont visité des ports de mer ont pu remarquer à la marée basse de nombreuses Moules attachées aux pièces de bois qui servent à la construction des jetées ou à rompre les vagues. Ces Moules, recueillies par de malheureuses femmes ou par des enfants qui en vivent, sont petites et de mauvaise qualité. Pour les avoir bonnes, grosses et grasses, on doit les élever dans les *Bouchots*, et cette éducation constitue une industrie considérable et des plus intéressantes. On nous saura gré de résumer ici ce que M. Coste a raconté sur les moulières de la baie de l'Aiguillon.

En 1235, une barque pleine de moutons et montée par trois hommes d'équipage, se trouva chassée des côtes d'Irlande par une tempête et alla se briser contre des rochers, à peu de distance du port d'Esnandes, village de notre Charente-Inférieure. De pauvres pêcheurs volèrent au secours des naufragés et firent tout ce qu'ils purent pour les sauver, mais la mer était folle et ils eurent beau faire. Deux hommes furent engloutis, un seul échappa et fut recueilli avec bonheur; c'était le patron de la barque; il se nommait Walton.

Walton resta où la mer l'avait jeté et secoua toute pensée de retour dans sa patrie. Il ne lui restait plus, à ce qu'on dit, que quelques moutons échappés comme lui au naufrage ; il s'en défit nécessairement et l'on assure que ces moutons croisés plus tard avec la race du pays, ont produit le *mouton de marais* des vendéens. Ceci nous semble par trop légendaire; passons. Il s'agissait de vivre, et avec l'argent de ses moutons, Walton ne pouvait aller loin. Heureusement, il était homme d'initiative et de ressources. Il avait sous les yeux un vaste lac de boue que les oiseaux de mer et de rivage, en très-grand nombre, fréquentaient toutes les nuits; il songea à leur tendre des piéges et devint chasseur par nécessité.

Le difficile, pour commencer, était de parcourir le lac, même à marée basse, parce que le fond boueux se dérobait sous les pieds. Il se construisit une petite pirogue destinée à glisser sur le limon, et réussit par ce moyen à planter des piquets de distance en distance et à tendre des filets au-dessus du niveau de la pleine mer. Les oiseaux de nuit donnaient tête baissée dans les filets et le chasseur Irlandais ne se plaignait point du produit.

Tout en exerçant cette triste et pénible industrie, Walton remarqua que les Moules de la côte s'attachaient à ses piquets dans la portion submergée par les flots de la marée montante, qu'elles y devenaient d'un beau volume, qu'elles avaient meilleur goût que les Moules sauvages envasées. Cette découverte fut pour lui un trait de lumière. Il planta d'autres piquets et multiplia ainsi les Moules à volonté. Voilà l'origine des *bouchots* à Moules de la baie de l'Aiguillon.

— « Les pratiques qu'il institua, dit M. Coste dans son *Voyage d'exploration sur le littoral,* furent si heureusement appropriées aux besoins permanents de la nouvelle industrie, qu'après bientôt huit siècles elles servent encore de règle aux populations dont elles sont devenues le riche patrimoine. Il semble qu'en s'appliquant à cette entreprise, non seulement il avait la conscience du service qu'il rendait à ses contemporains, mais le désir que leurs descendants en conservâssent le souvenir, car il donna aux appareils qu'il inventa la forme d'un double V, lettre initiale de son nom, comme s'il eût voulu que son chiffre fût inscrit sur tous les points de cette vasière fertilisée par son génie, en attendant sans doute que la reconnaissance publique élevât un monument à la mémoire du fondateur. Voici comment il construisit le premier établissement, sur le modèle duquel sont édifiés encore aujourd'hui les quatre cent quatre-vingt-dix bouchots qui couvrent la moitié de l'anse de l'Aiguillon. »

La pirogue de Walton a également servi de modèle à toutes celles qu'emploient à présent les boucholeurs ou éleveurs de Moules des communes d'Esnandes, Charron et Marsilly. Seulement, ces embarcations (grav. 58). s'appellent aujourd'hui *acons.* Elles ont 3 mètres de longueur sur une largeur et une profondeur de $0^{m}50$. Les boucholeurs s'aident des mains et d'une jambe pour les lancer sur la vase, et visiter ou réparer leurs bouchots qui consistent en clayonnages solidement fixés au sol comme le montre notre figure. Les pieux que l'on emploie en pareille circonstance ont 4 mètres de hauteur sur 0m 16 de diamètre. On les

Grav. 58. — Bouchots et Bouchôleurs.

enfonce dans la vase à la profondeur de 2 mètres, et à 40 ou 50 centimètres l'un de l'autre. Des perches de viorne-obier, de 8 à 10 mètres de longueur, servent au clayonnage qui s'arrête un peu au-dessus du sol, afin de donner passage à l'eau. Ces palissades, hautes de 2 mètres, s'étendent sur une longueur de 200 à 250 mètres; elles sont disposées de façon à n'être pas prises en flanc par les lames.

On peuple les palissades avec du naissain de Moules préparé sur des poteaux isolés et placés (grav. 59) sur les points les plus favorables à la multiplication.

Grav. 59. — Poteaux isolés.

Ce frai de Moules s'attache à ces poteaux en février et mars. En avril, les Moules écloses ne sont pas plus grosses que de la graine de lin; c'est le *Naissain*. Le mois suivant, elles sont du volume d'une lentille; en juillet, du volume d'un haricot ordinaire. Alors, elles portent le nom de *Renouvelain*. C'est comme qui dirait du plant bon à repiquer; plus tôt, il ne serait pas assez robuste.

Les boucholeurs détachent ce renouvelain en le râclant avec un crochet, le mettent dans de petits paniers (grav. 60) et l'emportent vers les bouchots. Ils le placent grappe par grappe dans un morceau de filet

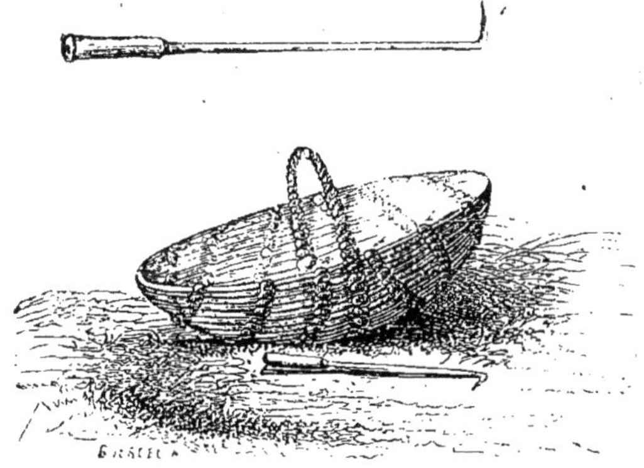

Grav. 60. — Panier à moules.

et ensuite (grav. 61) entre les perches du clayonnage. Le morceau de filet qui retient chaque grappe à sa place, ne tarde pas à pourrir, mais alors les Moules ont eu le temps de se fixer au bois, et elles continuent de se développer librement. Les familles isolées un moment par les transplanteurs, se rejoignent bientôt et tapissent complètement le clayonnage. Quand la gêne est trop forte, on éclaircit et l'on *repique* sur les bouchots vides ou dégarnis. C'est à ce travail que les boucholeurs emploient tous les moments que leur laisse la marée basse.

Au bout d'une année environ, les Moules deviennent marchandes. Il y en a de trois qualités sur un même clayonnage : celles du dessous, les plus rapprochées de la vase, sont de qualité inférieure ; celles du milieu valent mieux ; celles du dessus sont les plus recherchées. On remarquera toutefois que la dernière qualité des bouchots est encore préférable aux plus belles Moules que l'on pêche en mer, à l'état sauvage.

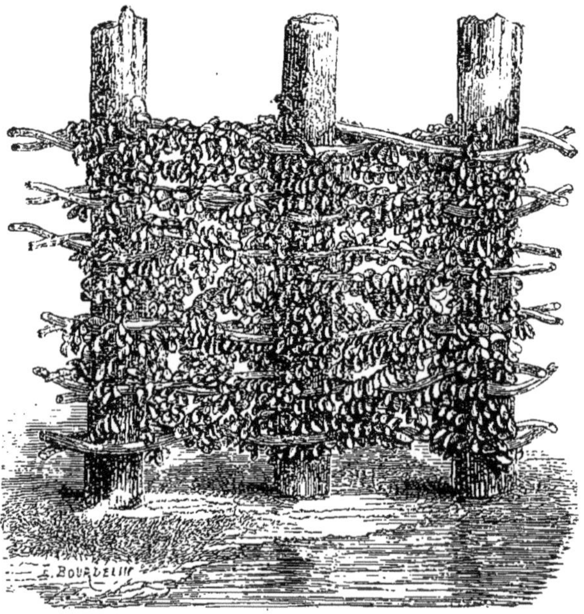

Grav. 61. — Clayonnage.

C'est de juillet en janvier qu'il convient de manger les Moules ; de la fin de février à la fin d'avril, elles frayent, elles deviennent *laiteuses* en même temps que maigres et coriaces.

On estime à 150 kilos le poids des Moules fournies par un mètre de bouchot. — « Un seul bouchot, écrit

M. Coste, porte donc une récolte d'un poids de 60 à 75,000 kilogrammes, et d'une valeur pécuniaire de 2,000 à 2,500 francs; d'où il suit que la récolte de tous les bouchots réunis (dans la baie de l'Aiguillon) s'élève au poids de 30 à 37 millions de kilogrammes qui, sur le marché, donnent un revenu brut d'un million à 1,200,000 francs. »

Il résulte d'un relevé statistique fait, en 1846, par M. d'Orbigny père, que chaque bouchot produisait annuellement 1,500 francs, qu'il nécessitait une dépense annuelle d'entretien de 1,136 francs et que le bénéfice net était alors de 364 francs.

On peut avoir de l'intérêt à multiplier une espèce de Moule meilleure que la Moule comestible, s'il s'en trouve; mais nous ne pensons pas, au moins quant à présent, qu'il y en ait à donner de l'extension à une industrie qui est au niveau des besoins de la consommation. Ce qu'il faudrait d'abord développer, c'est cette consommation, mais nous l'avons dit et nous le répétons, il existe un obstacle que les populations du littoral, du Nord et de Paris, qualifient de puérilité, mais devant lequel s'arrêtent les populations de la plupart des autres contrées. Elles ne dédaigneraient certes pas les Moules, seulement avant de les introduire dans leur régime habituel, elles voudraient qu'on les rassurât contre les accidents produits par ce mollusque.

Il y a lieu de croire que les seules Moules vénéneuses sont celles qui se sont fixées à la doublure de cuivre des navires. Les Moules cultivées à Esnandes, et qui jouissent d'une réputation méritée, sont tout-à-fait inoffensives. On ne les connaît que sous le nom de Moules de la Rochelle, et ce sont les plus grosses et les plus belles, nous n'osons pas dire les meilleures, de peur de commettre une erreur au préjudice des Moules de Laroche-Bernard (Morbihan) qui sont plus petites, mais dont la qualité est très-vantée sur le marché de Nantes.

D'après M. Racaud, maire d'Esnandes et l'un des plus habiles cultivateurs de Moules de la contrée, on devrait établir pour ces mollusques des bassins comme les parcs à Huîtres, mais les réglements ont apporté jusqu'ici beaucoup d'entraves à cette industrie; nous disons jusqu'ici, car dans ces derniers temps, la situation s'est améliorée et les pêcheurs en remercient M. Coste.

Disons, en terminant, que les meilleures Moules sont celles que le Crabe attaque les premières et celles qu'on ne dérange pas de la place où elles sont nées (qu'on ne repique pas), quand, bien entendu, la place en question n'est pas exposée au contact de la vase.

QUATRIÈME PARTIE

CHAPITRE PREMIER

LES ÉCHINODERMES (OURSINS)

Parmi les animaux de la classe des Échinodermes, quelques espèces appartenant au genre Oursin (*Echinus*) sont comestibles et assez recherchées dans le midi de la France par les populations du littoral. La plus estimée de ces espèces est l'Oursin comestible (*Echinus esculentus,* de Linné) qu'on désigne sous les noms vulgaires de Châtaigne de mer et de Hérisson de mer. Ces appellations sont significatives et ont toute la valeur d'un signalement exact. Les nombreux piquants qui recouvrent le test crétacé des Oursins leur donnent en effet une certaine ressemblance avec la châtaigne dans son enveloppe ou avec un hérisson formant la boule et dont le volume serait fortement réduit. Ces piquants le font redouter des baigneurs.

Voici ce qu'en dit un des collaborateurs du *Dictionnaire d'Histoire naturelle* de Guérin : — « Dans nos mers, c'est au printemps que les Oursins se présentent avec leurs ovaires gonflés d'œufs. C'est aussi à cette époque qu'on recherche ces animaux et qu'on les mange, malgré l'aspect puriforme des mucosités dont ils sont remplis; leur goût a quelque chose de celui des Écrevisses, et on les mange à la mouillette comme des œufs à la coque. Ces animaux paraissent unisexués, ou au moins tous les individus présentent des œufs, et on n'a point encore reconnu d'organes mâles dans aucune de leurs espèces. L'appareil femelle est facile à reconnaître, et consiste dans un nombre d'ovaires égal à celui des subdivisions du test, c'est-à-dire de cinq. »

Il y a lieu de croire que si la consommation des Oursins était destinée à s'étendre, on ne serait pas en peine de les multiplier en les parquant; mais rien ne prouve que cette consommation sortira de sitôt des étroites limites où elle se trouve renfermée. Dans ce cas, l'offre de la mer, s'il est permis de s'exprimer ainsi, suffira vraisemblablement toujours à la demande de nos populations du littoral. Nous n'avons donc pas à prendre souci de l'avenir des Oursins.

CHAPITRE II

LES TORTUES DE MER OU CHÉLONÉES

Si nous connaissons bien les Tortues de terre pour en avoir élevé quelques unes dans les jardins ou les habitations, nous ne connaissons réellement que de vue les Tortues de mer ou Chélonées, et nous avons failli les oublier dans notre culture des eaux. C'eut été regrettable.

M. Théodore Cocteau en a fait une description très-étendue, dont nous ne reproduisons que le passage suivant :

— « Les Chélonées vivent habituellement en troupes, mais non en société, dans l'eau des différentes mers tropicales [1], près des côtes garnies d'algues et de fucus, dont elles font leur principale nourriture et sous lesquelles elles trouvent une retraite assez sûre.

[1] Nous ajoutons qu'elles habitent aussi la Méditerranée.

Elles ne paraissent pas se pratiquer d'autres demeures que leurs ombrages. Elles s'éloignent peu des endroits qu'elles ont choisis pour domicile ; néanmoins, vers l'époque de la reproduction, c'est-à-dire à l'époque variable du printemps, pour les différentes latitudes, on les voit en pélerinage dans des points assez distants des côtes. Quelquefois les vents et les tempêtes les chassent vers des parages étrangers à leurs habitudes, et c'est ainsi qu'à diverses époques, on en a signalé près du port de Dieppe, à l'embouchure de la Loire, etc. Partout elles sont obligées de venir de temps à autre, à la surface de l'élément liquide, respirer l'air atmosphérique. C'est à la surface de l'eau qu'elles viennent, à ce qu'il paraît, sommeiller immobiles ou se chauffer aux rayons du soleil. Leur pesanteur spécifique est telle que, parfois, soit plénitude des sacs pulmonaires, soit dessiccation de la carapace, elles ne peuvent plus plonger qu'avec une certaine difficulté. Mais généralement elles ne viennent à terre que rarement, et n'y séjournent guère que pour y déposer le produit de leur fécondation. »

Les femelles, prêtes à pondre, se traînent à terre, pendant la nuit, font un trou dans le sable sur un point que n'atteignent pas les hautes marées, pondent dans ce trou, recouvrent leurs œufs avec du sable et laissent au soleil le soin d'amener l'éclosion. Ces œufs, au nombre de 30 à 60 le plus ordinairement, sont à peu près du volume de ceux d'une oie. Cette particularité n'a rien qui doive nous étonner, attendu que les Tortues de mer sont d'une taille considérable.

Dans ces derniers temps, M. Salles, capitaine au

long cours, adressa à la Société d'acclimatation un premier mémoire sur la multiplication des Tortues de mer, et tout particulièrement de la Tortue franche dans la Méditerranée; puis un second mémoire sur les procédés de multiplication. Cette communication fut bien accueillie et devint l'objet d'un rapport qui fut publié dans le bulletin de la Société (décembre 1861). Il est dit dans ce rapport :

« Considérant, comme l'avait déjà fait notre collègue M. Rufz de Lavison (*Bulletin*, 1859, t. VI, p. 364, 414, 559), que la Tortue de mer est très-recherchée dans un grand nombre de pays, et qu'elle peut figurer avec avantage parmi les sources d'alimentation les plus saines et les plus productives, M. le capitaine Salles pense qu'il est urgent d'imiter ce qui se fait actuellement à l'île de l'Ascension, c'est-à-dire de protéger les œufs et les petits qui en naissent, tandis qu'ils sont encore trop faibles pour résister aux nombreuses causes de destruction qui les menacent. Pour arriver promptement à un résultat utile, il suffirait de s'emparer d'un certain nombre de femelles fécondées, en allant, à l'époque de la ponte, dans les localités où elles existent encore assez abondamment, aux îles Baléares par exemple, et de les transporter dans quelques parcs établis sur les côtes de la France et de la Corse. Faisons remarquer immédiatement que le succès doit d'autant plus certainement couronner une pareille tentative, qu'il s'agit, non pas d'introduire une nouvelle espèce dans des localités qui en étaient privées jusqu'à ce jour, mais seulement de repeupler des régions aujourd'hui très-appauvries, et où les

Tortues se trouvaient autrefois en abondance. Il n'y a donc pas ici à redouter les chances fâcheuses qui accompagnent trop souvent les tentatives d'acclimatation, puisque les Tortues ont été très-fréquentes dans les localités qu'on veut repeupler, et que même elles y existent encore, bien qu'en très-petit nombre.

« Pour aller chercher les animaux dont la ponte doit fournir les premiers éléments de l'opération, on n'aura besoin que d'un petit navire pouvant porter une dizaine d'hommes d'équipage : ses dimensions doivent être telles qu'il puisse braver la mer pendant l'hiver, dans la Méditerranée, sur les côtes des Canaries, et sur la côte nord-ouest de l'Afrique, et sa cale devra être assez spacieuse pour recevoir sans inconvénients pour la santé des animaux un nombre notable de Tortues. On prendrait les femelles fécondées, au moment où elles se dirigent vers les rivages sablonneux pour y déposer leurs œufs, et les mâles autour des îlots qu'ils n'abandonnent presque jamais. Ces derniers animaux devront servir ultérieurement à féconder les femelles emprisonnées dans les parcs. Les frais, d'ailleurs peu considérables, que nécessiterait la recherche des Tortues, pourront être, dès le premier voyage, couverts par la vente d'un certain nombre des Tortues pêchées, et l'on sait que sur le marché de Londres, la chair de ces animaux se vend toujours à un prix assez élevé.

« Les animaux capturés doivent être déposés dans un parc établi sur quelque point convenable de nos côtes, choisi d'après les considérations suivantes. La conformation de la côte devra être telle qu'elle fasse naturellement les frais de clôture, et qu'il n'y ait plus qu'un barrage artificiel de médiocre étendue à établir. Ce barrage, formé de pierres, devra être à pic du côté intérieur, pour opposer un obstacle invincible aux Tortues; on pourra ménager dans son épaisseur des ouvertures qui, donnant un libre accès aux poissons, ne leur permettraient pas de regagner la haute mer; ce qui fournirait le moyen d'établir une pêcherie dans le parc. On pourrait également utiliser le parc à l'élève des Huîtres et de quelque autre mollusque alimentaire, tel que la Prère. Comme les Tortues sont herbivores, le fond du parc devra être garni de fucus et de varechs. Pour que la ponte s'opère dans des conditions aussi rapprochées que possible de la nature, c'est-à-dire dans du sable sec, il est de rigueur qu'une partie de la plage, au moins, soit de cette nature, et l'exposition au sud sera choisie avec d'autant plus de raison que la chaleur solaire est l'unique agent de l'incubation des œufs. Toutes ces conditions peuvent se rencontrer facilement sur les côtes de nos départements méditerranéens. Du côté de la terre, si la nature ne ferme pas suffisamment l'accès du sable où l'incubation doit s'opérer, une clôture quelconque pourra empêcher l'entrée des animaux ou des voleurs, que d'ailleurs un gardien, choisi autant que possible parmi de vieux marins ou pêcheurs encore dispos, serait toujours chargé d'éloigner.

« Lorsque la première éclosion aura été effectuée, on mettra en liberté dans les divers étangs de nos côtes méditerranéennes, du golfe de Lion, par exemple, un tiers environ des jeunes Tortues, dès que celles-ci auront une carapace assez dure pour résister à la rapacité des poissons et des oiseaux de mer. Ces jeunes animaux, qu'en raison du peu de profondeur de l'eau, on pourrait parquer facilement avec quelques vieux filets, seraient dans des conditions d'autant meilleures que le fond de ces étangs est garni d'une abondante végétation.

« Dès que les Tortues parquées seront devenues marchandes, on les expédierait sur les divers marchés. »

La commission qui se composait de MM. Auguste Duméril, Moquin-Tandon, Rufz de Lavison et L. Soubeiran, rapporteur, pensa que le projet de M. Salles était d'une application facile et n'exigeait pas de grands frais.

La réalisation a-t-elle eu lieu? Le succès a-t-il couronné l'entreprise? C'est ce que nous ignorons.

CHAPITRE III

LA SANGSUE MÉDICINALE ET SES VARIÉTÉS

Préliminaires. — Si nous passions sous silence la culture des Sangsues, nous manquerions évidemment aux obligations que nous impose le titre de cet ouvrage. La Sangsue est du domaine des eaux ; elle est de plus d'une utilité bien reconnue, et à ce double titre, nous avons à nous en occuper. Les services qu'elle nous rend n'ont rien de commun avec ceux que nous rendent les Poissons, Crustacés et Mollusques, mais, ils n'en sont pas moins, on en conviendra, d'une importance capitale.

Les Sangsues constituent la famille des Hirudinées dans la classe des Apodes de de Blainville et des Annélides de Lamarck. Nous n'avons à parler ici que de la *Sangsue médicinale*, espèce qui fournit cinq variétés : la Sangsue médicinale grise ; la Sangsue médicinale verte; la Sangsue médicinale marquetée; la Sangsue médicinale noire et la Sangsue médicinale couleur de chair.

Description. — La Sangsue médicinale, dit le docteur Ch. Moreau, « est longue de 10 à 12 centimètres dans son état moyen de dilatation, mais elle peut se resserrer ou s'étendre à volonté, de façon à occuper un espace, ou beaucoup plus petit, ou au contraire beaucoup plus grand; son corps est formé d'un grand nombre de segments égaux, mous, couverts de viscosités; elle a deux ventouses. La ventouse buccale est ovale, oblique, armée d'une triple mâchoire fortement dentelée et formant une sorte de trèfle; elle est plissée longitudinalement sous la lèvre supérieure. La ventouse anale, qui est double de l'autre, présente un disque un peu rayonné. La couleur de la Sangsue est le gris olivâtre avec six bandes rousses, trois de chaque côté; son ventre, dont la couleur est assez variable, est olivâtre, ou jaunâtre, ou d'un gris bleuâtre avec des taches noires. Cette espèce présente parfois des taches et des mouchetures d'un noir velouté; elle est du reste très-sujette à varier. »

Habitation. — On rencontre les Sangsues médicinales non seulement au Nord comme au midi de l'Europe, mais encore dans les deux Amériques, en Asie et en Afrique. « Les voyageurs, dit M. Moquin-Tandon, en ont rencontré dans les régions les plus différentes de l'Europe. Les pays chauds ou froids, les bas-fonds, et même les hauteurs, en ont offert indistinctement. On trouve des Hirudinées et surtout des Sangsues dans les diverses parties de la France; mais le desséchement des marais, la vogue momentanée d'une doctrine médicale, la concurrence des industriels, et surtout le désir de réaliser rapidement des bénéfices, en ont considérablement diminué le nombre. »

Les Sangsues aiment les eaux douces des marais et des étangs; on n'en aperçoit jamais dans les cours d'eau rapides. Gisler assure que dans les eaux chaudes, dont le fond est un peu gras, elles prennent un développement considérable. Les Sangsues ne se tiennent pas constamment dans l'eau; et après le coucher du soleil on en voit se promener sur les bords de leurs marais ou de leurs étangs. On peut remarquer aussi que celles conservées chez nous dans des vases se dirigent souvent vers l'ouverture, s'y attachent et s'y tiennent suspendues.

« — L'orsqu'il doit faire un grand vent, rapporte M. Moquin-Tandon dans sa belle MONOGRAPHIE DES HIRUDINÉES, les *Sangsues* parcourent leur habitation avec une vitesse surprenante. Si le temps se montre nébuleux, elles se cachent dans la boue. Aux approches des orages, elles montent à la superficie de l'eau; et les pêcheurs profitent de ce moment pour les saisir. Ces divers mouvements sont bien loin d'être constants. Si l'on observe une grande quantité de *Sangsues médicinales* placées dans un bocal, on apercevra toujours un certain nombre de ces Annélides qui restent immobiles au fond du réservoir, et d'autres qui s'élèvent à la surface du liquide..... Cependant, un curé des environs de Tours annonça dans les papiers publics, en 1774, qu'on pouvait connaître, tous les matins, au moyen des *Sangsues médicinales*, le temps qu'il devait faire le lendemain. Briloët père, Leroi, Toudouze et Valmont de Bomare, répétèrent ces expériences et n'obtinrent pas de résultats satisfaisants; Vitet ne fut pas plus heureux, et il en a été de même de toutes les personnes qui ont essayé l'emploi de ces prétendus baromètres-animaux. Un auteur moderne a donc été beaucoup trop loin quand il a prétendu que les *Sangsues* remplacent *avec avantage* le tube de Toricelli; et l'opinion du poète Cowper (cité par Johnson) est tout aussi exagérée, quand il proclame l'instinct des Sangsues comme préférable à tous les baromètres du monde. Il paraît néanmoins que, dans la Champagne, sur les confins de la Lorraine, ces instruments grossiers sont assez répandus. Un carafon, une petite quantité d'eau et cinq ou six *Sangsues*, voilà tout l'appareil. On a même porté la confiance, par rapport à ces indicateurs du temps, jusqu'à placer dans les bocaux une échelle de bois graduée, destinée à marquer les différents degrés d'élévation de ces animaux.

— —

CHAPITRE IV

NOURRITURE, REPRODUCTION ET AGE DES SANGSUES

Nourriture. — Les Sangsues s'attachent aux salamandres, aux grenouilles, aux poissons, aux animaux et à l'homme, et sucent leur sang avec plaisir. Vauquelin assura qu'elles s'attaquaient entre elles et s'entre détruisaient, mais depuis on a reconnu qu'il n'en est rien. Ces Annélides peuvent vivre longtemps sans recevoir de nourriture; seulement, elles maigrissent et diminuent peu à peu de volume. On rapporte que des Sangsues médicinales ont été conservées pendant deux et même trois ans dans de l'eau pure, mais au bout d'un an, une sangsue gardée par Johnson était réduite au tiers de son volume. Si l'amoindrissement devait se produire dans la même proportion, que resterait-il donc d'une sangsue ordinaire au bout de deux et de trois ans?

Le meilleur mode d'alimentation des Sangsues consiste à faire entrer dans les marais des animaux vivants : chevaux, mulets, ânes ou vaches. C'est une cruauté nécessaire. Dès que les Sangsues les entendent, les voient ou les sentent, elles se précipitent au devant d'eux, s'attachent à leurs jambes et s'y gorgent de sang. Chaque animal est soumis à cette terrible saignée cinq ou six fois par mois, et il y succombe rapidement. Les vaches s'en débarrassent comme elles peuvent avec leur langue, mais les chevaux, les ânes et les mulets se résignent d'une manière nâvrante. Les propriétaires de marais conseillent de ne pas livrer les pauvres animaux à la voracité des Sangsues quand le soleil est vif, car celles-ci ont souvent à en souffrir du moment où elles sortent de l'eau pour s'attacher aux jambes de leurs victimes.

Les Sangsues médicinales, gorgées de sang, gardent l'immobilité et sont dans une sorte d'état de torpeur. Elles digèrent péniblement et lentement. Suivant Rayer, leur digestion dure six mois; un an, d'après Knolz et Blainville; un an et demi, d'après Kuntzmann et deux ou trois ans, d'après certains autres auteurs. M. Moquin-Tandon, qui nous fournit ces renseignements, estime que le temps varie de six mois à un an, selon la quantité de sang absorbé, et suivant l'âge et la santé de l'Annélide. Les Sangsues qui ont bien vécu rendent nécessairement plus d'excréments que celles qui ont jeûné, et comme ces excréments colorent l'eau en vert sale, les pêcheurs ne manquent pas d'appeler l'attention des acheteurs sur celles qui *font leur eau bien verte*. C'est une preuve qu'elles n'ont point pâti, qu'elles ont bon appétit et qu'avec elles on n'aura pas de reproche.

Reproduction. — On ne distingue pas les Sangsues en mâles et femelles; chacune d'elles est hermaphrodite ou présente les deux sexes. L'accouplement n'en a pas moins lieu et il y a fécondation réciproque. C'est en été et quelquefois au printemps que la reproduction a lieu. Les Sangsues ne pondent leurs œufs que trente ou quarante jours après l'accouplement. Ces œufs sont réunis au moment de la ponte sous une enveloppe spongieuse qui forme un cocon ovoïde assez semblable au cocon des vers à soie. Contrairement à l'opinion de certains savants qui pensent qu'une Sangsue ne peut donner qu'un seul cocon, il a été démontré par Chatelain que deux sangsues élevées ensemble ont pondu cinq cocons, et que deux autres en ont même donné six. Chaque cocon renferme un nombre d'œufs ou de germes qui varie beaucoup. Ainsi, dans celui-ci, vous n'en comptez que six, tandis que celui-là en contiendra quinze, dix-huit et même, exceptionnellement, de vingt à vingt-quatre. Ceci ne veut pas dire que l'on obtiendra autant de jeunes Sangsues qu'il y a d'œufs dans les cocons, car on rencontre bel et bien de ces cocons qui sont stériles.

Si chez le plus grand nombre des Hirudinées, il convient que les œufs soient dans l'eau pour se développer, il n'en est pas de même en ce qui concerne ceux des Sangsues médicinales. Au contraire, si après la ponte, l'eau venait à s'élever au-dessus de son niveau ordinaire et à couvrir les cocons, ceux-ci pourriraient certainement. Il n'ont besoin que d'un certain degré d'humidité; et c'est justement pour cela que, dans les conditions naturelles, les Sangsues ne prospèrent que dans les étangs ou les marais qui ne sont pas exposés à des crues subites.

Le plus ordinairement, l'éclosion a lieu au bout de vingt-cinq à vingt-huit jours; quelquefois elle se fait attendre plus longtemps. Elle s'annonce par la flétrissure des cocons qui se rident et deviennent noirâtres. Alors, « les jeunes Annélides, dit Moquin-Tandon, traversent le tissu spongieux, serpentent quelque temps à travers ses mailles, et finissent par sortir par divers points de la surface.

« Les petits, après leur sortie du cocon, reviennent quelquefois vers leur enveloppe protectrice et se mettent à l'abri dans sa substance spongieuse.

« Les jeunes Sangsues, au moment de l'éclosion, présentent environ deux centimètres de longueur (Chatelain). Elles sont d'abord filiformes, transparantes, et d'une couleur cendrée tirant sur le blanc; quelques unes paraissent un peu rougeâtres. Leurs vaisseaux sont visibles à travers la peau. Les yeux se distinguent très-bien sur la ventouse orale. Au bout de quelques jours paraissent les bandes colorées de la région dorsale, et peu à peu le nouveau-né adopte la livrée de ses parents.

« Châtelain prétend que les Sangsues écloses spontanément, et celles dont on a hâté l'éclosion en ouvrant les cocons avec un instrument tranchant, sont faciles à élever, soit qu'on les mette dans de l'eau de fontaine, dans l'argile ramollie, ou dans l'eau contenant de l'argile délayée. Sur quatre cents petits, mis en observation pendant vingt-cinq jours, il n'en a perdu que deux. »

Durée de la vie chez les Sangsues. — Les Sangsues ne se développent pas rapidement, tant s'en faut. A dix-huit mois ou deux ans, elles ne sont guère fortes, et d'aucuns assurent qu'elles ne conviennent réellement au service médical qu'à l'âge de quatre ou cinq ans, et qu'elles ne sont aptes à se reproduire qu'à l'âge de sept ou huit. Enfin, ceux-ci nous disent qu'elles vivent une douzaine d'années, et ceux-là vingt ans. Nous ne voyons dans tous ces chiffres que des suppositions ou le résultat de remarques faites sur des Annélides en captivité. La vérité est qu'on ne sait rien de positif là dessus.

CHAPITRE V

ÉTANGS ARTIFICIELS POUR LA CONSERVATION ET LA MULTIPLICATION DES SANGSUES

La consommation des Sangsues en France, quoique moins considérable qu'au beau temps de la doctrine de Broussais, est cependant telle encore, que notre pays n'y suffit point et qu'il faut importer des Annélides de l'étranger. La spéculation, en pareil cas, a songé à créer des étangs artificiels qui, dans ces dernières années, étaient d'un excellent rapport, mais qui rendent un peu moins à présent à ce qu'on assure, malgré le prix toujours élevé des Sangsues. Du côté de Bordeaux, surtout, des éducations sur une grande échelle ont été entreprises avec succès, et ce succès est certain toutes les fois que l'on crée aux Sangsues des conditions semblables à celles qui conviennent à leur prospérité dans l'état de nature.

C'est ici que nous devons de nouveau prendre des conseils dans l'excellente monographie de Moquin-Tandon.

« Tous les bons esprits, dit-il, ont conseillé de parquer les Sangsues, non pas dans des caisses, ni dans des cuves, ni dans de petits bassins; mais dans des marais étendus, dans de vastes étangs bien aérés et formés sur le modèle de ceux qu'habitent les Sangsues dans les pays où ces animaux sont abondants.

« En Prusse, en Autriche, en Hongrie, on a établi de grands bassins d'éducation dont on a obtenu les plus grands résultats.

« Les réservoirs destinés à la conservation des Sangsues peuvent être en maçonnerie ou en terre.

« Les premiers devront obtenir la préférence, dans le voisinage des habitations, dans les villes, dans les établissements publics où l'on aura un petit cours d'eau à sa disposition, et généralement dans tous les pays chauds où le soleil dessèche les marais. La pêche s'y fait avec plus de facilité que dans les viviers en terre, et on perd moins de Sangsues.

« Les réservoirs en terre devront être choisis dans les pays tempérés et humides, quand on aura beaucoup de terrain pour s'étendre, et surtout quand on voudra élever un très-grand nombre de Sangsues.

« Dans les pays qui présentent des étangs ou des marais naturels non salés, il faut les employer de préférence (Regnard).

« Les réservoirs peuvent avoir dix, vingt, trente mètres de diamètre, suivant les localités. Un étang de six à sept cents mètres de superficie est assez grand pour recevoir de 20 à 30,000 Sangsues et même davantage.

« Les étangs artificiels doivent être tournés vers le Midi, dans les pays froids, et vers le Nord, dans les climats où le soleil est trop brûlant. Il importe beaucoup qu'ils soient à l'abri des inondations. On doit chercher, autant qne possible, à maintenir l'eau à la même élévation.

« Les étangs seront alimentés par un filet d'eau pure toujours égal. Cette eau ne doit pas être alcaline, ni acide, ni thermale, ni trop froide; il faut veiller à ce qu'elle ne traverse pas des terrains imprégnés d'oxide de fer ou de toute autre substance minérale. L'eau doit former dans le vivier une couche inégale de 20 à 30 centimètres.

« Le terrain le plus propre à la construction de ces réservoirs est celui dont le fond est composé d'argile douce, de limon ductile, de terre tourbeuse et même de gazon.

« Il faut rendre ce fond très-inégal, de manière que certaines parties se trouvent à fleur d'eau, d'autres à une certaine profondeur et d'autres élevées de quelques centimètres au-dessus de la surface du liquide.

« Les bords seront en talus peu incliné. Sur ces bords, ainsi que sur les îlots dont il vient d'être question, on plantera des Joncs, des *Carex,* des *Alisma,* des *Typha,* des Iris, des Sagittaires, des *Nimphœa,* des *Lemna,* des Renoncules aquatiques, quelques pieds de *Sium latifolium,* d'*Aira aquatica* et de *Myriophyllum.* Certains auteurs recommandent l'*Acorus calamus,* le *Phellandrium aquaticum* et le *Caltha palus-*

tris. Johnson parle de l'*Equisetum palustre*, qui est excellent à l'époque où les Sangsues se dépouillent de leur épiderme. »

Ces plantes aquatiques ne doivent pas se rencontrer seulement sur les bords des étangs à Sangsues; il doit y en avoir aussi sur les îlots. Elles ont, outre l'immense mérite de neutraliser l'action des miasmes, celui de fournir de l'ombre dans les journées de chaleur excessive.

Nous avons vu que les Sangsues ne vivent pas constamment dans l'eau, qu'elles en sortent quelquefois. Il est donc à craindre que dans leurs promenades elles n'aillent un peu trop loin, et pour les arrêter, on clôt les étangs au moyen de murs ou de planches d'environ 80 centimètres de hauteur, ou bien on ouvre un fossé dont on garnit le fond avec du sable, ou bien enfin, on établit un simple chemin de ceinture couvert de ce même sable.

Choix des Sangsues pour le peuplement. — Pour peupler les étangs ou marais à Sangsues, on conseille de choisir les plus belles variétés indigènes ou les descendants des meilleures races importées le plus ordinairement et désignées sous le nom de *Hongroises*. On prendra nécessairement les Sangsues les plus grosses parmi les diverses races adoptées. Celles qui ont sucé du sang de vertébrés, du sang de vache surtout, sont plus fécondes que celles qui ont jeûné. De Prancy l'affirme et tous les observateurs sont du même avis. Pallas, de son côté, avance que les Sangsues gorgées de sang humain se multiplient plus facilement que celles qui n'ont pas sucé. C'est purement et simplement la confirmation de la remarque précédente, et une confirmation solide, puisque 200 Sangsues élevées artificiellement ont donné 73 cocons, tandis que 200 Sangsues à jeûn n'en ont fourni que 14. C'est pour cela que Moquin-Tandon a dit : — « J'insisterai donc sur le conseil donné par l'Académie royale de Médecine de Paris, d'employer, pour la reproduction, les Sangsues gorgées de sang, au lieu de les jeter.

« S'il est vrai, continue-t-il, qu'on a consommé 900,000 Sangsues dans les hôpitaux de Paris, en 1825, on aurait pu facilement, après l'application, garder au moins les deux tiers de ces Annélides, c'est-à-dire 600,000. Supposez maintenant que ces animaux eussent été déposés dans des marais artificiels ou naturels. En admettant que chaque individu n'eût produit, dans un an, qu'un seul cocon renfermant dix ovules, on aurait eu 6,000,000 de Sangsues, lesquelles, à 10 centimes, représentent une valeur de 600,000 francs pour les hospices, et presque une valeur double d'après le taux des officines. Que l'on diminue ce chiffre de moitié, et même des deux tiers, il restera toujours la somme énorme de 200,000 francs perdus par incurie.

« Que l'on calcule maintenant le nombre de Sangsues produites par celles dont il vient d'être question, par leurs enfants et par leurs petits enfants, depuis 1825 jusqu'à 1846 (et à plus forte raison jusqu'à l'époque où nous sommes), et l'on sera effrayé du chiffre que l'on obtiendra. »

Les grosses Sangsues ou *vaches* qui servent à peupler un étang en mars s'accouplent dans le courant d'avril et mai, et multiplient de la sorte rapidement. On pourrait, par mesure d'économie, peupler les étangs avec de petites Sangsues, mais ce qu'on gagnerait d'un côté, on le perdrait de l'autre en ajournant ainsi la reproduction à plusieurs années.

Soins à donner aux Sangsues. — En premier lieu, il faut songer à l'alimentation des Sangsues et, à cet effet, on doit jeter dans l'étang des grenouilles, des salamandres, de petits poissons. En second lieu, les individus reproducteurs exigent la tranquillité, et il convient d'éloigner de leurs bassins les pêcheurs et les animaux qui seraient tentés d'y entrer à l'époque où les Sangsues se préparent à pondre et vont se cacher dans les galeries du bord, un peu au-dessus de la surface de l'eau. Cette époque commence en juin et finit en juillet. On n'oubliera pas non plus de protéger les Sangsues contre leurs nombreux ennemis, parmi lesquels nous pouvons citer les taupes, les musaraignes, les rats-d'eau, les cigognes, les hérons, les canards, les courtilières. A propos de canards, Puymaurin rapporte qu'un cultivateur de la Sologne, vit son petit étang, où il y avait 200,000 Sangsues, dépeuplé dans vingt quatre heures par les canards sauvages.

CHAPITRE VI

MALADIES DES SANGSUES

Comme dans toutes les entreprises, s'il y a des profits à réaliser dans l'élevage des Sangsues, il y a aussi de mauvaises chances à courir. Nous venons de voir ce que peuvent détruire en vingt-quatre heures des bandes de canards sauvages qui ont l'appétit bien ouvert; nous avons maintenant à compter avec les maladies qui sont surtout à craindre chez les sangsues élevées sur une très-petite échelle, dans un bassin de faible dimension, dans un baquet, dans un bocal. Presque toujours, sinon toujours, ces maladies sont occasionnées par un excès de chaleur, la malpropreté des réservoirs ou de l'eau, le trop grand nombre d'Annélides dans un espace relativement restreint, l'excès du manger, la mue ou renouvellement de l'épiderme et les blessures.

Ainsi, l'excès de chaleur amène la *jaunisse*, redoutable affection sous l'influence de laquelle les Sangsues enflent, se ramollissent et deviennent jaunes.

La malpropreté et l'entassement déterminent une autre maladie qu'on appelle *métallique* et qui s'accuse par les caractères suivants : Le corps des Sangsues augmente de volume en certains endroits et diminue en certains autres, de façon que la forme régulière disparaît. Le corps se bossèle, durcit et la mort arrive.

Dans des cas très-rares, les Sangsues qui ont avalé une trop grande quantité de sang ou du sang très-vicié ont de la peine à le digérer et le vomissent en partie. La tête se gonfle et la mort ne se fait guère attendre. Dans les pharmacies, on donne à cette affection le nom de *dyssenterie*.

Les Sangsues qui changent de peau perdent de leur vivacité et souffrent nécessairement plus ou moins. Il arrive parfois, mais assez rarement, qu'elles n'ont pas la force de se débarrasser du vieil épiderme et qu'elles succombent. C'est pour rendre ce renouvellement moins pénible qu'on a conseillé de mettre de la *prêle* au bord des bassins et sur les îlots des marais. Les Sangsues se frottent contre la tige de cette plante.

Par moments, des pustules rougeâtres se produisent sur les anneaux des Sangsues. On les attribue à la piqûre d'insectes aquatiques. Parfois aussi les Sangsues se couvrent d'ulcères. Enfin, Derheims assure que les orages sont quelquefois funestes aux Sangsues.

Pour ce qui regarde la *jaunisse*, Brossat recommande de percer la queue des Sangsues malades avec une aiguille, afin de les débarrasser d'une sérosité jaunâtre, de les laver ensuite avec de l'eau tiède et de les remettre, après cela, dans de l'eau contenant un centième de caramel. Il place les Sangsues *métalliques* dans des vases fabriqués avec un mélange d'argile cuite et de charbon et met un peu de lait dans l'eau.

CHAPITRE VII

PÊCHE DES SANGSUES

« — Dans les marais divisés en petits bassins, dit M. Jourdier dans sa *Pisciculture*, le procédé de pêche est des plus simples. Il suffit de battre l'eau et de saisir les Sangsues qui accourent avec une pêchette ou avec un cerceau ovale de fer garni de filet formant poche et placé au bout d'un bâton.

« Dans les grands marais de la Gironde, des hommes ou des femmes, chaussés de grandes bottes qui les garantissent des morsures, descendent dans les marais pour pêcher les Sangsues. Ils tiennent à la main gauche un sac d'une toile très-serrée, habituellement d'environ 2 décimètres de hauteur sur un de large ou à peu près, agitent l'eau avec les pieds, et s'emparent avec la main droite des Sangsues qui accourent dans l'espoir de rencontrer une proie.

« Les pêcheurs doivent avoir soin de saisir la Sangsue très-rapidement, afin de ne pas lui donner le temps de s'attacher aux mains. Ils devront veiller à ce que leurs mains et leurs bottes soient propres. Ils devraient aussi avoir toujours la précaution d'envelopper leurs bottes de toile. De cette manière, les Sangsues s'y attacheraient et la pêche deviendrait plus commode et plus rapide : car l'odeur de l'huile ou de la graisse, que les pêcheurs emploient pour entretenir leurs chaussures, empêche les Sangsues d'adhérer au cuir, et c'est même pour cet Annélide délicat une cause de dégoût qui peut nuire à la pêche. Malgré ces bonnes raisons, ce procédé est cependant loin d'être généralement suivi.

« Il faudra s'abstenir de pêcher quand soufflent avec force les vents du Nord, d'Est ou d'Ouest. Ce serait vainement d'ailleurs qu'on le tenterait alors ; les Sangsues les plus affamées sortent à peine dans ces cas là. Il faut pour bien faire du calme et de la chaleur. »

On ne procède pas partout à la pêche des Sangsues comme dans la Gironde. Dans beaucoup de localités, les pêcheurs entrent dans les marais, les jambes nues et attendent que les Annélides s'attachent à leur peau pour les saisir.

— « Dans certains pays, rapporte Moquin-Tandon, on dépose la veille, dans les marais, des appâts de chair, des cadavres d'animaux fraîchement tués ou corrompus. Ces cadavres sont bientôt recouverts par les Sangsues. On étend encore à la surface de l'eau, des linges imbibés de sang (Gisler). On jette aussi dans les étangs, des foies de veau enfilés par une corde; on en fait des trainées fort longues. Le lendemain, on recueille les Sangsues attachées à ces appâts. »

Derheims rapporte, de son côté, qu'à l'approche des orages et des pluies, il est d'usage en certains endroits, d'enlever avec une large cuiller de bois la boue des fossés et d'y chercher les Sangsues qui s'y sont réfugiées.

Selon M. Claude, à Boufarick, on se sert pour la pêche des Sangsues d'une boîte en bois, de 25 centimètres de longueur, sur 15 de hauteur et de largeur. Le fond et les côtés de cette boîte sont criblés de petits trous plus étroits en dedans qu'en dehors et pouvant tout juste livrer passage aux Annélides. On met dans cette boîte des plantes aquatiques et de la mousse; on l'attache à une corde, et on la plonge le matin dans l'étang à Sangsues. Celles-ci pénétrent par les trous, se réfugient dans les herbes et le soir même ou le lendemain matin, on retire la boîte avec les Sangsues qui s'y trouvent.

On ne saurait fixer une époque précise pour la pêche des Sangsues; elle est naturellement subordonnée aux climats. Ainsi dans les climats chauds, on commence la pêche en avril et on la continue jusqu'en juin ou juillet, tandis que dans les climats un peu froids, on attend la dernière quinzaine de mai et l'on cesse dans la première huitaine de juillet, car, après cette date, la pêche offre moins d'avantages.

Les éleveurs intelligents se gardent bien d'épuiser par des récoltes abusives les Sangsues de leurs marais; il y en a même qui, de loin en loin, se préoccupent avec raison du repeuplement de ceux qui n'en renferment plus assez. On cite, à ce propos, les éleveurs du Finistère qui, d'après Moquin-Tandon, « envoient des ouvriers munis de bêches et de paniers dans de petits marais fangeux qu'ils savent contenir des sangsues en abondance. Les ouvriers enlèvent des parties de vase qu'ils reconnaissent renfermer des cocons, les disposent dans des pièces d'eau préparées pour les recevoir, laissent éclore les petites Sangsues, et six mois après retirent ces dernières pour les placer dans des étangs plus vastes. Alors, pour augmenter leur nourriture et hâter leur accroissement, ils commencent à leur livrer des vaches et des chevaux, qu'ils font paître sur les bords des étangs, et ce n'est qu'au bout de dix-huit mois qu'ils les fournissent au commerce. »

Malheureusement, on ne procède pas ainsi partout et le gaspillage a été tel que nous sommes devenus les tributaires de l'étranger qui, hâtons-nous de le reconnaître, marche sur nos traces. On fait argent de tout; on ne se contente pas de vendre les grosses et les moyennes, on vend les petites; on néglige la reproduction, on jette la plupart des Sangsues qui ont servi, excepté dans quelques hôpitaux; ou bien on les soigne mal chez les particuliers où la plupart ne vivent pas longtemps. Il suit de là qu'on prévoit le cas où dans un avenir peu éloigné, les Sangsues manqueront *dans tous les pays*.

C'est pour cela qu'on a conseillé de régler la pêche et l'exploitation des étangs à Sangsues, de façon à empêcher la vente des grosses Sangsues à l'époque de la ponte, et aussi la vente de celles qui ne sont pas adultes. L'académie de médecine a pensé justement que l'on n'arriverait pas à de gros résultats avec les mesures coërcitives seules, et a déclaré qu'à son avis, le meilleur moyen de s'opposer à la destruction de ces intéressants Annélides serait de remettre dans les marais après s'en être servi celles qu'on tire de l'étranger pour les besoins des hôpitaux.

Quand on a pêché les Sangsues, on les met tout de suite dans des vases en poterie avec de l'eau, de la terre glaise ou de la mousse, ou bien encore dans des sacs mouillés.

CHAPITRE VIII

CONSERVATION DES SANGSUES

Il va sans dire qu'on peut conserver les Sangsues dans des compartiments de marais ou d'étangs moins étendus que ceux destinés à la multiplication, mais nous ne voulons parler ici que de la conservation, en vases ou en bassins, pratiquée chez les particuliers, les pharmaciens, les médecins et quelques marchands.

Les vases dans lesquels on conserve les Sangsues, sont en terre cuite, en grès, en verre, de diverses formes et de diverses grandeurs. On en recouvre l'orifice avec un linge ou une toile métallique, et on les place en lieu frais où les rayons d'un soleil chaud n'arrivent point, et où la gelée ne se fasse pas sentir. Il est essentiel aussi que les odeurs quelconques très-prononcées n'y pénètrent pas. Après cela, les soins à observer sont les suivants : se servir d'eau de pluie, de rivière ou de source bien propre, la renouveler une fois par semaine en hiver, deux fois en été et même trois fois en temps de forte chaleur; ne pas mettre plus d'une trentaine de Sangsues par litre d'eau; enlever soigneusement les malades et les mortes. Un peu de terre glaise au fond du vase serait certainement d'un bon effet; enfin, si l'on avait la sage précaution d'y mettre des lentilles d'eau, des potamots ou quelque autre plante aquatique, on pourrait se dispenser de renouveler l'eau souvent, attendu que ces plantes la purifieraient.

Nous connaissons des pharmaciens et des marchands qui se servent tout simplement de baquets en bois, au fond desquels ils mettent une couche plus ou moins épaisse d'argile délayée avec de l'eau, de manière à former une pâte molle. Les Sangsues s'y ouvrent des galeries et s'y cachent comme elles font en hiver dans la vase des marais. On mouille cette argile deux ou trois fois par semaine. Cependant, s'il arrivait que l'eau se corrompît et qu'une mauvaise odeur s'exhalât du baquet, on devrait renouveler bien vite la terre gâtée. Pour en séparer les Sangsues, on la délaye avec de l'eau à la même température, en ayant soin de ne point blesser ces Annélides et on filtre sur un tamis pour recueillir les Sangsues. C'est une opération longue et minutieuse.

Avec de la tourbe, humectée de temps en temps, on remplace avantageusement l'argile. On assure même qu'avec du sable bien lavé, de la mousse par dessus et des morceaux de charbon de bois sur cette mousse, on peut très-bien conserver les Sangsues.

Quand on opère sur un grand nombre d'Annélides, les vases en terre, en grès, en verre, ainsi que les baquets ne suffisent plus; il faut ouvrir des bassins ou tout au moins employer de larges cuves, dans lesquelles l'eau se renouvelle au moyen d'un courant continu. Une couche d'argile ou de tourbe en forme le fond et les bords; on y plante des herbes aquatiques. En un mot, on prend des dispositions telles que ces réservoirs offrent les mêmes conditions de succès que les marais. Les Sangsues font plus que de s'y conserver; elles s'y multiplient.

Voici l'occasion de parler des réservoirs de M. Borne, dans le département de Seine-et-Oise. Notre confrère, M.-A. Jourdier, en fait le récit suivant [1] :

— « Faisant le commerce de l'épicerie à Saint-Arnould, M. Borne avait chez lui, comme tous ses confrères des petites villes de campagne, un dépôt de Sangsues qu'il revendait en détail. Il les conservait comme la plupart des marchands, avec assez de soin, et en perdait néanmoins un grand nombre chaque année. Pour remédier à ce mal, il résolut, dès 1845, de chercher un autre mode de conservation des Sangsues, mieux approprié à la nature de ces Annélides. Dans son jardin, voisin de sa demeure et bordé par la rivière de Saint-Arnould, la Rémarde, il construisit un bassin ou vivier en pierre et en ciment romain, de 1^{m},50 de large et de 2^{m},50 de long. Le fond de ce bassin, formé de tourbe, fut planté d'herbes

[1] *La Pisciculture*, pag. 154.

aquatiques, et servit de point d'appui à deux élévations de terrain plantées d'arbustes, exposées l'une au sud, pour que les Sangsues pussent se chauffer au soleil; l'autre au nord, afin qu'elles y trouvassent l'ombre et le frais en été.

« Quatre cents *vaches* ou grosses Sangsues, déposées dans la petite mare, firent des cocons la première année; car l'année suivante, M. Borne trouva dans son étroite enceinte de toutes jeunes Sangsues.

« Encouragé par ce premier résultat, et connaissant déjà, à force d'observation et de patientes études étayées par des souvenirs du pays (M. Borne est du Midi), quelques-uns des besoins de ces Hirudinées, il résolut d'agrandir son exploitation. Une mare de 30 mètres de long et de 9^{m},40 de large fut creusée à côté du bassin primitif, dans son jardin. Il y planta des herbes aquatiques, y jeta de nombreux îlots couverts de plantes, et à plusieurs reprises y mit près de 6,000 Sangsues marchandes. Comprenant que le phénomène de la reproduction était pour lui plus utile à étudier et à connaître, s'il voulait arriver à grossir la population de son marais, il construisit une fosse demi-circulaire, beaucoup moins étendue que le marais, et jeta 500 vaches dans ce nouveau compartiment.

« Puis il se mit en observation. Privé des enseiments de la science et n'ayant d'autre guide que son intelligence et ses souvenirs, M. Borne parvint à connaître les habitudes des Sangsues. »

Quand il en sut assez et qu'il eut tiré de ses petits

bassins tout le parti qu'il pouvait en tirer, M. Borne les abandonna et créa autre part des bassins plus vastes.

CHAPITRE IX

DU COMMERCE ET DU TRANSPORT DES SANGSUES

Au commencement de ce siècle, la France se suffisait et au-delà par la production des Sangsues. En 1846, la situation était déjà bien changée. — « Les départements du centre, écrivait alors Moquin-Tandon [1], furent les premiers épuisés; vinrent ensuite ceux du nord et du midi. On fut obligé d'aller chercher des Sangsues en Belgique, en Espagne, en Portugal, en Corse, en Italie, en Bohême, en Hongrie, et même en Turquie et en Syrie.

« Depuis longtemps, la pêche active a cessé dans la plupart de nos départements. On en récolte encore dans la Bretagne, surtout dans le Finistère (de Plancy) et dans les marais des environs de Nantes. Il y a

[1] *Monographie de la famille des Hirudinées*, pag. 251.

quelques années que, pendant la saison favorable, les paysans en apportaient chaque jour, dans cette dernière ville, jusqu'à 50,000 individus, et on les dirigeait ensuite, par centaines de mille, sur la capitale (Audoin). Le département du Cher en produisait aussi abondamment. Un droguiste de Paris, en 1820, en a reçu 130,000 d'un pharmacien de Moulin (Audoin).

« Partout ailleurs, la pêche n'est que locale, et son produit n'atteint pas les besoins de la population.

« L'Espagne, qui en a fourni pendant longtemps à la France, est aujourd'hui presque épuisée ; il en est à peu près de même du Portugal.

« La Toscane exporte encore quelques Sangsues, mais d'une qualité inférieure. Autrefois, l'Italie nous en envoyait beaucoup. Depuis quelque temps, elle est obligée d'en tirer de l'étranger. La plupart de celles qui se consomment dans le Piémont, arrivent de Toulon et de Marseille (Carena)

« La Bohême ne nous en fournit plus.

« Les vastes marais de la Hongrie eux-mêmes commencent à en être dégarnis. »

Le même auteur ajoute qu'à l'époque dont nous parlons, on mettait largement à contribution la Pologne et d'autres pays du nord de l'Europe ; que la Grande-Bretagne, autrefois très-productive, était obligée de s'approvisionner en France, en Portugal et en Allemagne ; que nos colonies d'Amérique n'en fournissaient pas et en importent des quantités considérables.

Aujourd'hui, la situation n'est pas améliorée.

« On admet, en général, dans le commerce de ces

Annélides, dit M. Chevalier [1], quatre choix spéciaux :

« 1° Le premier choix se composant des Sangsues dites *grosses,* qui pèsent de 2 kil. 875 à 3 kil. 125 par mille ;

« 2° Le deuxième choix ou les Sangsues dites *grosses-moyennes,* qui doivent peser de 1 kil. 725 à 2 kil. 125 le mille ;

« 3°. Le troisième choix, comprenant les Sangsues dites *petites moyennes,* dont le mille pèse de 625 à 750 grammes ;

« 4°. Le quatrième choix, comprenant les petites Sangsues, les Sangsues dites *filets.* Elles pèsent de 380 gr. à 450 gr. le mille.

« Il existe, outre ces quatre choix, une sorte de Sangsue fort grosse connue sous le nom de *vache,* et pesant de 4 à 16 kilogr. le mille.

« Il faut donc apprécier au mille le poids des Sangsues qu'on achète. »

M. Chevalier fait observer qu'une Sangsue de bonne qualité doit avoir le corps allongé et déprimé, la peau en quelque sorte veloutée, qu'elle doit se mouvoir rapidement dans l'eau, bien se pelotonner sur elle-même ou *faire l'olive.*

M. Chevalier nous signale les fraudes dont les Sangsues sont l'objet. D'après lui, elles sont *gorgées de sang* dans une proportion de 45 à 50 pour 100, afin de leur donner un volume et un poids plus considérables. Beaucoup, en outre, parmi celles qu'on nous vend, ont déjà servi et ont été soumises au *dégorgement.* Des *Sangsues bâtardes* ou du Calvados sont

[1] *Dictionnaire des altérations et falsifications*, 1852 ; article *Sangsues.*

vendues en mélange avec les Sangsues franchement médicinales, quoique ne les valant point. Enfin, on fait passer des Sangsues malades avec des Sangsues bien portantes.

Les Sangsues que l'on gorge de sang pour les grossir et que l'on vend après cela plus de 100 fr. le mille quand, en conscience, elles n'en vaudraient que 75 si elles n'étaient pas gorgées, se reconnaissent à leur corps moins allongé que chez les Sangsues naturellement grosses, à leur tendance à se pelotonner presque constamment, et à leur engourdissement.

Pour ce qui est du prix des Sangsues, il est extrêmement variable ; il dépend de la rareté et de la demande. En 1806, on les payait chez nous de 12 à 15 fr. le mille ; en 1815 on les a payées jusqu'à 36 fr. En 1821, elles ont valu de 150 à 280 fr. le mille ; en 1844, on les payait de 150 à 250 fr. De 1827 à 1832, d'après les chiffres de Moquin-Tandon, on les achetait en détail de 15 à 20 cent. pièce ; en 1846, on les payait le double, c'est-à-dire de 30 à 40 cent. et quelquefois même 50 cent. Aujourd'hui, il y a baisse parceque les Sangsues ne sont plus en faveur. C'est fort heureux pour les Sangsues.

Vers 1846, la France recevait chaque année de l'étranger de 20 à 30, 000,000 de Sangsues, représentant une valeur de plus de 800,000 francs. La moyenne de notre exportation s'élevait alors chaque année à environ 90,000 Sangsues, représentant environ 28,000 francs.

On va se demander naturellement de quelle manière s'opère le transport des Sangsues. Moquin-Tandon répond en ces termes : — « On fait voyager les Sangsues dans des tonneaux, où ces animaux sont déposés par couches alternatives avec des lits d'argile, ou dans des vases de grès, dans des baquets pleins d'eau, dans des poches de cuir, et dans des sacs de toile forte et serrée qu'on a soin de tremper dans l'eau de temps en temps, ou qu'on maintient humides en les plaçant dans des paniers remplis de mousse ou de paille imbibées d'eau. Chaque sac peut contenir plusieurs centaines et même plusieurs milliers de Sangsues. En général, ils pèsent 3 ou 4 kilogrammes. Il est prudent de ne pas les entasser les uns sur les autres, afin de ne pas comprimer les Sangsues. »

C'est d'ordinaire au printemps et à l'automne qu'on exécute le transport des Sangsues. Nous n'avons pas fini avec ces Annélides, mais ce qu'il nous reste à en dire rentre nécessairement dans le chapitre spécial qui est consacré plus loin à l'emploi des produits de la culture des eaux.

CHAPITRE X

EMPLOI DES PRODUITS

Emploi des poissons. — Nous savons tous que les poissons, à de très-rares exceptions près, servent presque exclusivement à la nourriture de l'homme. Peut-être conviendrait-il d'aborder ici les diverses préparations culinaires auxquelles on les soumet, et qui, après tout, ne seraient pas inutiles à nos ménagères, mais notre incompétence en pareille matière est si complète que nous ne pouvons ni ne devons nous engager dans cette voie. Nous voulons seulement qu'on sache bien que le dédain des *petites choses* n'est pour rien dans notre résolution, et que nous ne croirions pas compromettre le moins du monde notre caractère d'écrivain, en nous aventurant sur le domaine de la cuisinière bourgeoise. Quand il nous est démontré que les petites choses de l'économie domestique peuvent rendre des services et que nous avons qualité pour en parler, les préjugés ne nous embarrassent guère et nous passons outre sans regarder derrière nous, et sans prêter l'oreille pour savoir ce que les hommes graves en diront.

L'agriculture tire souvent parti des poissons gâtés, de leurs issues, de leurs débris, mais parmi les poissons que l'on convertit en engrais, ceux dont il a été question dans ce livre ne figurent réellement que pour mémoire. Le plus ordinairement, ce sont les Sardines, les Harengs, les morues qui fournissent les matières premières. Cependant il peut arriver des accidents et nous pouvons perdre pour la consommation des quantités plus ou moins considérables de produits. Le mieux, en pareil cas, est de les livrer à l'agriculture.

— « On emploie comme engrais en Angleterre et sur le continent, dit Hodges, plusieurs substances dont le fermier Irlandais ne se sert pas, et qui demandent peu d'explications. Les poissons et les écailles ont été regardés depuis longtemps comme des principes fertilisants d'une grande valeur. On se plaint en effet qu'ils sont trop forts, si on ne les mélange avec de la terre. Stephens nous informe que sur la la côte orientale d'Écosse, dans les villages où l'on s'occupe de la pêche et où l'on sale et fume le poisson, les fermiers achètent les déchets et y trouvent un excellent engrais pour toutes sortes de cultures. Il dit que trente barriques de têtes et d'entrailles de poissons, dont la moitié provenaient de Morues, l'autre de Merluches, suffisent pour fumer 40 ares.

La barrique contient 104 litres et quatre barriques font une charretée. Quand on prépare les déchets de poissons pour l'engrais, on les verse dans un sillon profond sur le champ qu'on veut fumer et on le couvre d'une quantité suffisante de terre pour cacher le dépôt. Chaque fois qu'on peut s'en procurer, on les fait voiturer tout frais sur les champs. Deux ou trois mois après, on peut se servir du compost, qui est excellent pour les navets, supérieur même à l'engrais de basse-cour, et aussi favorable aux sols légers qu'aux sols compactes.

« Quand on emploie le compost pour les navets, on le répand avec une pelle dans les sillons, puis on le recouvre et on y sème au moyen du semoir à la main. On peut aussi le répandre sur la jachère pour une récolte de froment et pour les récoltes vertes. »

Emploi des Crustacés. — Les Écrevisses, Homards, Langoustes et Chevrettes servent, nous l'avons vu, à l'alimentation de l'homme. Quant à leurs débris de nature calcaire, il est évident qu'ils doivent être d'un bon effet dans les composts, ce qui n'empêche pas les consommateurs de les perdre le plus souvent.

Emploi des Mollusques. — Comme les précédents, les Huîtres et les Moules sont recherchées pour la table. Pour ce qui est des écailles et des coquilles, on n'en tire pas le parti que l'on pourrait en tirer. Quelques arboriculteurs s'en servent dans la plantation de leurs arbres en terrain compacte, afin de tenir la terre un peu divisée dans le voisinage des racines.

La méthode est bonne et nous souhaitons qu'on l'adopte ; mais il nous semble que sur les points populeux où l'on consomme des quantités énormes d'Huîtres et de Moules, on devrait s'arranger de façon à broyer les écailles et les coquilles pour en former la base d'un excellent engrais. On y a songé à diverses reprises, et nous ne savons pourquoi les projets ou les essais ont été abandonnés.

Emploi des Sangsues. — Nous empruntons les lignes qu'on va lire à la *Monographie de la famille des Hirudinées* de Moquin-Tandon. — « A l'exception de la plante des pieds et de la paume de la main, dit ce regrettable savant, les Sangsues peuvent-être appliquées sur tous les points de la surface du corps. Cependant, comme les cicatrices de leurs morsures laissent des taches blanchâtres apparentes, l'on doit autant que possible, surtout chez les femmes, ne pas les poser sur les parties qui sont à découvert, comme le visage, le cou, la partie supérieure et antérieure de la poitrine, l'avant-bras le dos de la main (H. Cloquet). Il faut éviter aussi le trajet des gros vaisseaux et des gros troncs nerveux.

« On peut appliquer encore les Sangsues sur quelques membranes muqueuses facilement accessibles (gencives, etc., etc.); mais il faut user de grandes précautions pour empêcher ces animaux de se glisser trop avant dans les organes.

« Quand la peau est doublée d'un tissu cellulaire lâche, susceptible de s'infiltrer facilement (*paupières, scrotum*), et qu'on peut craindre la gangrène, il faut agir avec prudence. Quelques praticiens assurent cependant que le gonflement dont il s'agit est plus effrayant que dangereux et que sa résolution se fait toujours rapidement (Gerdy, Jamain).

« Il va sans dire que l'âge du sujet, son sexe, sa constitution, la finesse de la peau et sa vascularité, doivent toujours être mis en ligne de compte, dans toute application.

« *Modes d'application.* Il faut d'abord préparer la place sur laquelle les Sangsues doivent mordre. Si cette place est mouillée par la sueur, on la lave; si elle est couverte de poils, on la rase; si elle est enduite de quelque matière grasse ou visqueuse odorante, acide ou alcaline, on la nettoie avec beaucoup de soin. On peut ensuite la frictionner avec de la flanelle ou de la toile de coton, jusqu'à légère rougeur, ou bien la mouiller avec du sang. Quelques personnes conseillent de l'humecter avec de l'eau sucrée, du jaune d'œuf ou du lait frais. Cette précaution, suivant Derheims, est superflue et quelquefois contraire. Un bain entier avant l'application est pour l'ordinaire d'un grand avantage (Vitet). Un bain local produirait le même effet.

« On enferme les Sangsues qu'on veut appliquer, dans un petit verre à patte, dans un tube de cristal, ou dans une petite cage en toile métallique, ou bien dans le creux de la main après avoir couvert cette dernière avec un gant ou un linge. Un autre procédé consiste à placer les Sangsues dans une compresse un peu plus grande que la partie d'où on veut tirer du sang; on renverse la compresse de manière à mettre ces animaux en contact avec les téguments. On maintient la compresse avec la paume de la main [1].

« Dans le voisinage des ouvertures où l'on craint que les Sangsues ne pénètrent, il faut les placer une à une. On saisit délicatement chaque individu entre le pouce et l'index; on pose sa partie postérieure à un centimètre du lieu où l'on veut le faire mordre; et, après qu'il s'est fixé par la ventouse anale, on dirige sa bouche vers le point qui doit être entamé. On peut aussi, en tenant la Sangsue entre les doigts, appliquer cette dernière ventouse sur le point choisi, et quand elle a mordu, rapprocher doucement le disque postérieur de la ventouse antérieure. On peut encore mettre chaque animal dans une carte roulée, dans un tube de verre ou dans un cylindre de bois.

« Il se rencontre souvent des Sangsues qui ne mordent pas. Quand elles sont engourdies, malades ou gorgées de sang, elles n'ont pas faim; elles sont également sans appétit à l'époque du renouvellement de l'épiderme. D'autres fois, la chair ou le sang qu'on leur offre leur répugne. Pour les exciter, quelques personnes les tiennent hors de l'eau pendant une heure ou deux (Salomon), d'autres leur pincent la ventouse anale ou bien les roulent dans la main. Reim de Zwickau conseille de les tremper quelques instants dans de la bière! Il faut souvent faire de nombreuses tentatives avant de réussir.

« Chez les enfants et les femmes, les Sangsues mor-

[1] Il est souvent d'usage de creuser un trou dans une pomme et d'y mettre la Sangsue pour l'appliquer où l'on veut. P. J.

dent avec assez de promptitude, tirent beaucoup de sang en peu de temps, et laissent après elles des plaies qui saignent avec assez d'abondance. Chez les jeunes gens et les adultes, elles ne prennent pas aussi facilement. Chez les vieillards, elles résistent davantage. Leurs piqûres sont plus petites et moins profondes.

« *Soins pendant l'application*. Quand les Sangsues ont mordu, on doit les laisser tranquilles. Au bout de trois quarts d'heure ou d'une heure, elles sont gorgées de sang; elles se détachent d'elles-mêmes, se laissent tomber et mettent à découvert des plaies trifides d'un à deux millimètres de profondeur.

« Lorsqu'on veut arrêter la succion des Sangsues, il faut leur pincer la queue, ou les saupoudrer avec du sel, du tabac, et même avec des cendres. Aldrovande indique la soie ou la laine brûlées, l'aloës pulvérisé; d'autres conseillent le vinaigre, le vin, le jus de citron, l'urine, le nitrate d'argent.

« *Après l'application*. — Pour arrêter l'écoulement du sang, on recouvre les plaies avec de l'amadou, de la charpie, des toiles d'araignée, du plâtre en poudre, du linge brûlé, de l'argile, etc.

« *Quantité de sang sucée*. En moyenne, la quantité de sang sucé par une grosse Sangsue est de 15 grammes; la quantité de sang qui s'écoule ensuite de la plaie est à peu près la même : total 30 grammes environ.

« *Dégorgement des Sangsues*. — Il ne faut pas jeter les Sangsues qui ont servi. On les fait dégorger en jetant dessus des cendres, du tabac, du sel, de l'infusion d'absinthe, etc., ou bien encore on les frotte légèrement d'arrière en avant. Après le dégorgement, on les place dans l'eau fraîche pour s'en servir de nouveau au bout d'un temps plus ou moins prolongé.

« Les Sangsues qui ont servi ne sont pas dangereuses dans une nouvelle application. »

Nous avons fait connaître les moyens de multiplication imaginés par les pisciculteurs modernes, les ostréoculteurs, les boucholeurs, etc. L'efficacité de ces moyens a été suffisamment démontrée; mais le tout n'est pas de savoir comment l'on doit procéder pour produire en abondance, il faut de plus prendre des mesures de protection en faveur des produits, c'est-à-dire faire observer la loi et les réglements qui concernent la pêche de ces produits, surtout la pêche fluviale.

On n'ignore pas que les bateaux à vapeur et les usines ont largement contribué au dépeuplement de nos fleuves et de nos rivières, mais les pêches abusives sont bien aussi redoutables. On ne respecte rien; on ravage, et la situation restera la même, aussi longtemps que l'administration forestière ne sera pas appelée exclusivement à y mettre ordre.

Dans beaucoup de localités, on ne paraît pas se douter qu'il existe une loi sur la pêche; nos petites rivières sont abandonnées à quiconque, par désœuvrement ou par industrie, veut se donner la satisfaction de les dépeupler. On pêche aux époques de la la fraie; à la suite des fortes sécheresses, on établit des barrages, on épuise avec des seaux les dernières retraites du poisson et l'on prend tout, gros et petits.

En présence de cette situation regrettable, il nous paraît utile de publier dans son entier le Code de la pêche fluviale, d'abord, et ensuite un arrêté de M. le Préfet d'Eure-et-Loir, approuvé par décret impérial du 13 février 1864. Cet arrêté, pris dans un département où la pisciculture est en progrès, mérite à tous égards d'être signalé.

CODE DE LA PÊCHE FLUVIALE

(LOI DU 15 AVRIL 1829, PROMULGUÉE LE 24 DU MÊME MOIS)

TITRE PREMIER

DU DROIT DE PÊCHE

ARTICLE Ier. Le droit de pêche sera exercé au profit de l'État,

1° Dans tous les fleuves, rivières, canaux et contrefossés navigables ou flottables avec bateaux, trains ou radeaux, et dont l'entretien est à la charge de l'État ou de ses ayant cause. C. N. 538;

2° Dans les bras, noues, boires et fossés qui tirent leurs eaux des fleuves et rivières navigables ou flottables, dans lesquels on peut en tout temps passer ou pénétrer librement en bateau de pêcheur, et dont l'entretien est également à la charge de l'État.

Sont toutefois exceptés les canaux et fossés existants ou qui seraient creusés dans des propriétés particulières, et entretenus aux frais des propriétaires.

Art. 2. Dans toutes les rivières et canaux, autres que ceux qui sont désignés dans l'article précédent, les propriétaires riverains auront, chacun de son côté, le droit de pêche jusqu'au milieu du cours de l'eau, sans préjudice des droits contraires établis par possessions ou titres.

Art. 3. Des ordonnances royales, insérées au Bulletin des Lois, détermineront, après une enquête *de commodo* et *incommodo*, quelles sont les parties des fleuves et rivières et quels sont les canaux désignés dans les deux premiers paragraphes de l'article 1er, où le droit de pêche sera exercé au profit de l'État [1].

De semblables ordonnances fixeront les limites entre la pêche fluviale et la pêche maritime dans les fleuves et rivières affluant à la mer. Ces limites seront les mêmes que celles de l'inscription maritime; mais la pêche qui se fera au-dessus du point où les eaux cesseront d'être salées, sera soumise aux règles de police et de conservation établies pour la pêche fluviale [2]. P. F. 36; Décr. 27 nov. 1859.

[1] Une ordonnance du 10 juillet 1835 a déterminé les parties des fleuves et rivières et les canaux navigables et flottables en trains sur lesquels la pêche doit être exercée au profit de l'État, conformément aux dispositions des articles 1 et 3 de la présente loi. La 5e colonne du tableau annexé a cette ordonnance indique le point jusqu'où s'étend l'action de l'inscription maritime.

Diverses modifications ont été apportées à l'ordonnance du 10 juillet 1835, par des ordonnances et décrets insérés au Bulletin des Lois.

[2] Les limites de la pêche maritime et de la salure des eaux dans les fleuves, rivières et canaux compris dans les quatre premiers ar-

Dans le cas où des cours d'eau seraient rendus ou déclarés navigables ou flottables, les propriétaires qui seront privés du droit de pêche auront droit à une indemnité préalable, qui sera réglée selon les formes prescrites par les articles 16, 17 et 18 de la loi du 8 mars 1810, compensation faite des avantages qu'ils pourraient retirer de la disposition prescrite par le gouvernement. P. F. 2.

ART. 4. Les contestations entre l'administration et les adjudicataires, relatives à l'interprétation et à l'exécution des conditions des baux et adjudications, et toutes celles qui s'élèveraient entre l'administration ou ses ayant cause et des tiers intéressés à raison de leurs droits ou de leurs propriétés, seront portées devant les tribunaux.

ART. 5. Tout individu qui se livrera à la pêche sur les fleuves et rivières navigables ou flottables, canaux, ruisseaux ou cours d'eau quelconques, sans la permission de celui à qui le droit de pêche appartient, sera condamné à une amende de vingt francs au moins, et de cent francs au plus, indépendamment des dommages-intérêts. P. F. 36, 69 à 72.

Il y aura lieu, en outre, à la restitution du prix du poisson qui aura été pêché en délit ; et la confiscation des filets et engins de pêche pourra être prononcée. P. F. 41, 73.

rondissements maritimes (Cherbourg, Brest, Lorient et Rochefort), ont été fixées par quatre décrets en date du 4 juillet 1853. Ces décrets modifient, sur un grand nombre de points, les indications portées dans la 5e colonne du tableau annexé à l'ordonnance du 10 juillet 1835.

Néanmoins, il est permis à tout individu de pêcher à la ligne flottante tenue à la main, dans les fleuves, rivières et canaux désignés dans les deux premiers paragraphes de l'article 1er de la présente loi, le temps du frai excepté. P. F. 26 §. 1er.

TITRE II

DE L'ADMINISTRATION ET DE LA RÉGIE DE LA PÊCHE.

ART. 6. (*3 du Code forestier.*) Nul ne peut exercer l'emploi de garde-pêche, s'il n'est âgé de vingt-cinq ans accomplis.

ART. 7. (*5 du Code forestier.*) Les préposés chargés de la surveillance de la pêche ne pourront entrer en fonctions qu'après avoir prêté serment devant le tribunal de première instance de leur résidence, et avoir fait enregistrer leur commission et l'acte de prestation de leur serment au greffe des tribunaux dans le ressort desquels ils devront exercer leurs fonctions.

Dans le cas d'un changement de résidence qui les placerait dans un autre ressort en la même qualité, il n'y aura pas lieu à une nouvelle prestation de serment.

ART. 8. Les gardes-pêche pourront être déclarés responsables des délits commis dans leurs cantonnements, et passibles des amendes et indemnités encourues par les délinquants, lorsqu'ils n'auront pas dûment constaté les délits. F. 6.

ART. 9. L'empreinte des fers, dont les gardes-pêche font usage pour la marque des filets, sera déposée au greffe des tribunaux de première instance. F. 7.

TITRE III

DES ADJUDICATIONS DES CANTONNEMENTS DE PÊCHE [1].

ART. 10. (*Loi du 6 juin 1840.*) La pêche au profit de l'État sera exploitée, soit par voie d'adjudication publique, soit par concession, par licences à prix d'argent.

Le mode de concessions par licences ne sera employé que lorsque l'adjudication aura été tentée sans succès.

[1] Dispositions relatives à la mise en ferme du droit de pêche dans les canaux et rivières canalisées :

1° *Décret du 23 Décembre 1810.* — Art. 1er. La mise en ferme de la pêche dans les canaux, et les produits des francs-bords et des plantations qui appartiennent à l'État, seront exercés par l'administration des ponts-et-chaussées;

2° Les fonds en provenant seront versés au trésor public par l'intermédiaire des droits réunis, et feront partie des fonds généraux.

IIe Décision du Ministre des finances du 26 décembre 1831. — Les dispositions du décret du 23 décembre 1810, relatives à la mise en ferme de la pêche dans les canaux, sont étendues aux rivières canalisées.

IIIe Décision du Ministre des finances du 13 septembre 1832. — Lorsqu'une rivière aura été rendue navigable, par suite d'ouvrages d'art, la location de la pêche devra être confiée à l'administration des ponts-et-chaussées, non-seulement pour les lieux mêmes où existent ces ouvrages d'art, mais encore pour tout le cours intermédiaire qui n'est navigable qu'à raison de ces mêmes ouvrages; en d'autres termes, pour toute la partie des rivières comprise entre les points extrêmes où sont établis les ouvrages d'art les plus éloignés, l'administration des forêts devant continuer à affermer la pêche pour les parties des rivières situées au dehors de ces limites. (Circ. du 22 octobre 1839, n° 460.)

Toutes les fois que l'adjudication d'un cantonnement de pêche n'aura pu avoir lieu, il sera fait mention, dans le procès-verbal de la séance, des mesures qui auront été prises pour donner toute la publicité possible à la mise en adjudication, et des circonstances qui se seront opposées à la location [1].

Art. 11. L'adjudication publique devra être annoncée au moins quinze jours à l'avance par des affiches apposées dans le chef-lieu du département, dans les communes riveraines du cantonnement et dans les communes environnantes. F. 17.

Art. 12. (*18 du Code forestier.*) Toute *location* faite autrement que par adjudication publique sera considérée comme clandestine et déclarée nulle. Les fonctionnaires et agents qui l'auraient ordonnée ou effectuée, seront condamnés solidairement à une amende *égale au double* du fermage annuel du cantonnement de pêche.

Sont exceptées les concessions par voie de licence.

Art. 13. (*19 du Code forestier.*) Sera de même annulée toute adjudication qui n'aura point été précédée des publications et affiches prescrites par l'ar-

[1] *Ancien article 10.* — La pêche au profit de l'État sera exploitée, soit par voie d'adjudication publique aux enchères et à l'extinction des feux, conformément aux dispositions du présent titre, soit par concession de licences à prix d'argent.

Le mode de concession par licence ne pourra être employé qu'à défaut d'offres suffisantes.

En conséquence, il sera fait mention, dans les procès-verbaux d'adjudication, des mesures qui auront été prises pour leur donner toute la publicité possible et des offres qui auront été faites.

ticle 11, ou qui aura été effectuée dans d'autres lieux, à autres jour et heure que ceux qui auront été indiqués par les affiches ou les procès-verbaux de remise en location.

Les fonctionnaires ou agents qui auraient contrevenu à ces dispositions seront condamnés solidairement à une amende égale à la valeur annuelle du cantonnement de pêche; et une amende pareille sera prononcée contre les adjudicataires en cas de complicité.

Art. 14. (*Loi du 6 juin 1840.*) Toutes les contestations qui pourront s'élever pendant les opérations d'adjudication, soit sur la validité desdites opérations, soit sur la solvabilité de ceux qui auront fait des offres et de leurs cautions, seront décidées immédiatement par le fonctionnaire qui présidera la séance d'adjudication [1]. F. 20.

Art. 15. (*21 du Code forestier.*) Ne pourront prendre part aux adjudications, ni par eux-mêmes, ni par personnes interposées, directement ou indirectement, soit comme partie principale, soit comme associés ou caution,

1° Les agents et gardes forestiers et les gardes-pêche, dans toute l'étendue du royaume; les fonctionnaires chargés de présider ou de concourir aux adju-

[1] *Ancien article 14.* — Toutes les contestations qui pourront s'élever pendant les opérations d'adjudication, sur la validité des enchères ou sur la solvabilité des enchérisseurs et des cautions, seront décidées immédiatement par le fonctionnaire qui présidera la séance d'adjudication.

dications et les receveurs du produit de la pêche, dans toute l'étendue du territoire où ils exercent leurs fonctions;

En cas de contravention, ils seront punis d'une amende qui ne pourra excéder le quart ni être moindre du douzième du montant de l'adjudication; et ils seront, en outre, passibles de l'emprisonnement et de l'interdiction qui sont prononcés par l'article 175 du Code pénal;

2° Les parents et alliés en ligne directe, les frères et beaux-frères, oncles et neveux des agents et gardes forestiers et gardes-pêche, dans toute l'étendue du territoire pour lequel ces agents ou gardes sont commissionnés;

En cas de contravention, ils seront punis d'une amende égale à celle qui est prononcée par le paragraphe précédent;

3° Les conseillers de préfecture, les juges, officiers du ministère public et greffiers des tribunaux de première instance, dans tout l'arrondissement de leur ressort.

En cas de contravention, ils seront passibles de tous dommages-intérêts, s'il y a lieu.

Toute adjudication qui serait faite en contravention aux dispositions du présent article, sera déclarée nulle.

ART. 16. (*Loi du 6 juin 1840*). Toute association secrète, toute manœuvre entre les pêcheurs ou autres, tendant à nuire aux adjudications, à les troubler ou à obtenir les cantonnements de pêche à plus bas prix, donnera lieu à l'application des peines portées par l'article 412 du Code pénal, indépendamment de tous dommages-intérêts ; et si l'adjudication a été faite au profit de l'association secrète ou des auteurs desdites manœuvres, elle sera déclarée nulle[1]. F. 22.

Art. 17. *(23 du Code forestier)*. Aucune déclaration de command ne sera admise, si elle n'est faite immédiatement après l'adjudication et séance tenante.

Art. 18. *(24 du Code forestier)*. Faute par l'adjudicataire de fournir les cautions exigées par le cahier des charges dans le délai prescrit, il sera déclaré déchu de l'adjudication par un arrêté du préfet, et il sera procédé, dans les formes ci-dessus prescrites, à une nouvelle adjudication du cantonnement de pêche, à sa folle enchère.

L'adjudicataire déchu, sera tenu, par corps, de la différence entre son prix et celui de la nouvelle adjudication, sans pouvoir réclamer l'excédant, s'il y en a.

Art. 19. *(Loi du 6 juin 1840)*. Toute adjudication sera définitive du moment où elle sera pronon-

[1] *Ancien article 16.* — Toute association secrète ou manœuvre entre les pêcheurs ou autres, tendant à nuire aux enchères, à les troubler ou à obtenir les *cantonnements de pêche* à plus bas prix, donnera lieu à l'application des peines portées par l'article 412 du Code pénal, indépendamment de tous dommages-intérêts; et si l'adjudication a été faite au profit de l'association secrète ou des auteurs desdites manœuvres, elle sera déclarée nulle.

cée, sans que, dans aucun cas, il puisse y avoir lieu à surenchère [1]. F. 25.

Art. 20. (*Loi du 6 juin 1840*). Les divers modes d'adjudication seront déterminés par une ordonnance royale [2].

Les adjudications auront toujours lieu avec publicité, et concurrence [3]. F. 26.

[1] *Ancien article 19.* — Toute personne capable et reconnue solvable sera admise, jusqu'à l'heure de midi du lendemain de l'adjudication, à faire une offre de surenchère, qui ne pourra être moindre du cinquième du montant de l'adjudication.

Dès qu'une pareille offre aura été faite, l'adjudicataire et les surenchérisseurs pourront faire de semblables déclarations de simple surenchère jusqu'à l'heure de midi du surlendemain de l'adjudication, heure à laquelle le plus offrant restera définitivement adjudicataire.

Toutes déclarations de surenchère devront être faites au secrétariat qui sera indiqué par le cahier des charges, et dans les délais ci-dessus fixés; le tout sous peine de nullité.

Le secrétaire commis à l'effet de recevoir ces déclarations sera tenu de les consigner immédiatement sur un registre à ce destiné, d'y faire mention expresse du jour et de l'heure précise où il les aura reçues, et d'en donner communication à l'adjudicataire et aux surenchérisseurs, dès qu'il en sera requis; le tout sous peine de trois cents francs d'amende, sans préjudice de plus fortes peines en cas de collusion.

En conséquence, il n'y aura lieu à aucune signification des déclarations de surenchère, soit par l'administration, soit par les adjudicataires et surenchérisseurs.

[2] *Ordonnance du 28 octobre 1840.* — Art. 1er. A l'avenir les adjudications du droit de pêche à exercer, au profit de l'État, dans les fleuves, rivières et cours d'eau navigables et flottables, pourront se faire par adjudication au rabais ou par adjudication aux enchères et à l'extinction des feux.

Art. 2. Lorsque l'adjudication publique aura été tentée sans succès, l'exercice du droit de pêche pourra être concédé par licence à prix d'argent, sur l'autorisatiun du directeur général des forêts.

[3] *Ancien article 20.* — Toutes contestations au sujet de la validité des surenchères seront portées devant les conseils de préfecture.

ART. 21. *(Loi du 6 juin 1840)*. « Les adjudicataires seront tenus d'élire domicile dans le lieu où l'adjudication aura été faite ; à défaut de quoi tous actes postérieurs leur seront valablement signifiés au secrétariat de la sous-préfecture [1]. F. 27.

ART. 22. (*28 du Code forestier*). Tout procès-verbal d'adjudication emporte exécution parée et contrainte par corps contre les adjudicataires, leurs associés et cautions, tant pour le payement du prix principal de l'adjudication que pour accessoires et frais.

Les cautions sont en outre contraignables solidairement, et par les mêmes voies, au payement des dommages, restitutions et amendes qu'aurait encouru l'adjudicataire.

TITRE IV

CONSERVATION ET POLICE DE LA PÊCHE.

ART. 23. Nul ne pourra exercer le droit de pêche dans les fleuves et rivières navigables ou flottables, les canaux, ruisseaux ou cours d'eau quelconques, qu'en se conformant aux dispositions suivantes.

ART. 24. Il est interdit de placer dans les rivières navigables ou flottables, canaux et ruisseaux, aucun

[1] *Ancien article 21.* — Les adjudicataires et surenchérisseurs sont tenus, au moment de l'adjudication ou de leurs déclarations de surenchère, d'élire domicile dans le lieu où l'adjudication aura été faite : faute par eux de le faire, tous actes postérieurs leur seront valablement signifiés au secrétariat de la sous-préfecture.

barrage, appareil ou établissement quelconque de pêcherie ayant pour objet d'empêcher entièrement le passage du poisson.

Les délinquants seront condamnés à une amende de cinquante francs à cinq cents francs, et, en outre, aux dommages-intérêts ; et les appareils ou établissements de pêche seront saisis et détruits. P. F. 69, S.

ART. 25. Quiconque aura jeté dans les eaux des drogues ou appâts qui sont de nature à enivrer le poisson ou à le détruire, sera puni d'une amende de trente francs à trois cents francs, et d'un emprisonnement d'un mois à trois mois. P. F. 69, S.; chap. 12, 5°.

ART. 26. Des ordonnances royales [1] détermineront :

[1] Le vœu de la loi a été rempli par les ordonnances suivantes :

1re Ordonnance du 15 novembre 1830. — Art. 1er. Sont prohibées, sous les peines portées par l'article 28 de la loi du 15 avril 1829,

1° Les filets traînants ;

2° Les filets dont les mailles carrées, sans accrues et non tendues, ni tirées en losange, auraient moins de 30 millimètres de chaque côté, après que le filet aura séjourné dans l'eau ;

3° Les bires, nasses ou autres engins dont les verges en osier seraient écartées entre elles de moins de 30 millimètres.

Art. 2. Sont néanmoins autorisés pour la pêche des goujons, ablettes, loches, vérons, vandoises et autres poissons de petite espèce, les filets dont les mailles auront 15 millimètres de largeur, et les nasses d'osier ou autres engins dont les baguettes ou verges seront écartées de 15 millimètres. Les pêcheurs auront aussi la faculté de se servir de toute espèce de nasses en jonc à jour, quel que soit l'écartement de leurs verges. (V. Ord. du 28 février 1842.)

Art. 3. Quiconque se servira pour une autre pêche que celle qui est indiquée dans l'article précédent, des filets spécialement affectés à cet usage, sera puni des peines portées par l'article 28 de la loi du 15 avril 1829.

Art. 4. Aucune restriction, ni pour le temps de la pêche, ni pour

1° Les temps, saisons et heures pendant lesquels la pêche sera interdite dans les rivières et cours d'eau quelconques ; P. F. 27.

2° Les procédés et modes de pêche qui, étant de nature à nuire au repeuplement des rivières, devront être prohibés ; P. F. 28.

l'emploi des filets ou engins, ne sera imposée aux pêcheurs du Rhin. (V. Ord. du 22 décembre 1840.)

Art. 5. Dans chaque département, le préfet déterminera, sur l'avis du conseil général, et après avoir consulté les agents forestiers, les temps, saisons et heures pendant lesquels la pêche sera interdite dans les rivières et cours d'eau.

Art. 6. Il fera également un réglement dans lequel il déterminera et divisera les filets et engins, qui, d'après les règles ci-dessus devront être interdits.

Art. 7. Sur l'avis du Conseil général, et après avoir consulté les agents forestiers, il pourra prohiber les procédés et modes de pêche qui lui sembleront de nature à nuire au repeuplement des rivières.

Art. 8. Les réglements des préfets devront être homologués par ordonnances royales.

Art. 9. Notre ministre secrétaire d'État des finances est chargé de l'exécution de la présente ordonnance.

IIe Ordonnance du 22 décembre 1840, exécutoire à partir du 1er janvier suivant, qui homologue deux arrêtés, en date des 10 septembre et 3 décembre 1840, par lesquels les préfets des départements du Haut-Rhin et du Bas-Rhin ont proposé, par dérogation à l'article 4 de l'ordonnance du 15 novembre 1830, d'interdire dans le Rhin :

1° La pêche du saumoneau, pendant les mois de mars, avril et mai de chaque année ;

2° La pêche et la destruction de la femelle du saumon, pendant les mois de novembre et de décembre ;

3° L'usage des filets à mailles d'une largeur inférieure à vingt-cinq millimètres.

IIIe Ordonnance du 28 février 1842. — Art. 1er. L'article 2 de notre ordonnance du 15 novembre 1830 est modifié en ce qui concerne la pêche des ablettes seulement, dans ce sens que la largeur des mailles de filets et l'écartement des baguettes ou verges des nasses d'osier ou autres engins employés à cette pêche pourront être réduits à *huit* millimètres.

Art. 2. Les préfets, dans chaque département, détermineront dans quels lieux et à quelles conditions ce mode spécial de pêch pourra être pratiqué.

3° Les filets, engins et instruments de pêche qui seront défendus, comme étant aussi de nature à nuire au repeuplement des rivières ; P. F. 28.

4° Les dimensions de ceux dont l'usage sera permis dans les divers départements pour la pêche des différentes espèces de poissons ; P. F. 29.

5° Les dimensions au-dessous desquelles les poissons de certaines espèces qui seront désignées, ne pourront être pêchées et devront être rejetées en rivière ; P. F. 30.

6° Les espèces de poissons avec lesquelles il sera défendu d'appâter les hameçons, nasses, filets ou autres engins. P. F. 31.

Art. 27. Quiconque se livrera à la pêche pendant les temps, saisons et heures prohibés par les ordonnances, sera puni d'une amende de trente à deux cents francs. P. F. 26, § 1er, 69, S.

Art. 28. Une amende de trente à cent francs sera prononcée contre ceux qui feront usage, en quelque temps et en quelque fleuve, rivière, canal ou ruisseau que ce soit, de l'un des procédés ou modes de pêche ou de l'un des instruments ou engins de pêche prohibés par les ordonnances. P. F. 26, § 2 et 3, 69, S.

Si le délit a eu lieu pendant le temps du frai, l'amende sera de soixante à deux cents francs. P. F, 26, § 1er, 69, S.

Art. 29. Les mêmes peines sont prononcées contre

ceux qui se serviront, pour une autre pêche, de filets permis seulement pour celle du poisson de petite espèce. P. F. 26, par. 4, 69, S.

Ceux qui seront trouvés porteurs ou munis, hors de leur domicile, d'engins ou instruments de pêche prohibés, pourront être condamnés à une amende qui n'excédera pas vingt francs, et à la confiscation des engins ou instruments de pêche, à moins que ces engins ou instruments ne soient destinés à la pêche dans les étangs ou réservoirs. P. F. 39 ; chapitre 12, n° 3.

ART. 30. Quiconque pêchera, colportera ou débitera des poissons qui n'auront point les dimensions déterminées par les ordonnances, sera puni d'une amende de vingt à cinquante francs, et de la confiscation desdits poissons. P. F. 26, § 5, 69, S.

Sont, néanmoins, exceptées de cette disposition, les ventes de poissons provenant des étangs ou réservoirs.

Sont considérés comme des étangs ou réservoirs, les fossés et canaux appartenant à des particuliers, dès que leurs eaux cessent naturellement de communiquer avec les rivières.

ART. 31. La même peine sera prononcée contre les pêcheurs qui appâteront leurs hameçons, nasses, filets ou autres engins, avec des poissons des espèces prohibées, qui seront désignées par les ordonnances. P. F. 26, § 6, 69, S.

ART. 32. Les fermiers de la pêche et porteurs de

licences, leurs associés, compagnons et gens à gages, ne pourront faire usage d'aucun filet ou engin quelconque, qu'après qu'il aura été plombé ou marqué par les agents de l'administration de la police de la pêche.

La même obligation s'étendra à tous autres pêcheurs compris dans les limites de l'inscription maritime, pour les engins et filets dont ils feront usage dans les cours d'eau désignés par les paragraphes 1 et 2 de l'article 1er de la présente loi.

Les délinquants seront punis d'une amende de vingt francs pour chaque filet ou engin non plombé ou marqué. P. F. 9, 39.

ART. 33. Les contre-maîtres, les employés du balisage et les mariniers qui fréquentent les fleuves, rivières et canaux navigables ou flottables, ne pourront avoir dans leurs bateaux ou équipages aucun filet ou engin de pêche, même non prohibé, sous peine d'une amende de cinquante francs et de la confiscation des filets.

A cet effet, ils seront tenus de souffrir la visite, sur leurs bateaux et équipages, des agents chargés de la police de la pêche, aux lieux où ils aborderont.

La même amende sera prononcée contre ceux qui s'opposeront à cette visite. P. F. 39, 69, S.

ART 34. Les fermiers de la pêche et les porteurs de licences, et tout pêcheurs, en général, dans les rivières et canaux désignés par les deux premiers paragraphe de l'article 1er de la présente loi, seront tenus d'amener leurs bateaux, et de faire l'ouverture de leurs loges et hangars, bannetons, huches et autres réservoirs ou boutiques à poisson, sur leurs cantonnements, à toute réquisition des agents et préposés de l'administration de la pêche, à l'effet de constater les contraventions qui pourraient être, par eux, commises aux dispositions de la présente loi.

Ceux qui s'opposeront à la visite, ou refuseront l'ouverture de leurs boutiques à poissons, seront, pour ce seul fait, punis d'une amende de cinquante francs. P. F. 33, 69 S.

Art. 35. Les fermiers et porteurs de licences ne pourront user, sur les fleuves, rivières et canaux navigables, que du chemin de halage; sur les rivières et cours d'eau flottables, que du marche-pied. Ils traiteront de gré à gré avec les propriétaires riverains, pour l'usage des terrains dont ils auront besoin pour retirer et assener leurs filets [1].

TITRE V

DES POURSUITES EN RÉPARATION DE DÉLITS.

SECTION Ire

Des poursuites exercées au nom de l'Administration.

Art. 36. Le gouvernement exerce la surveillance et la police de la pêche dans l'intérêt général.

[1] *Ordonnance de 1669.* (Titre XXVIII.) — Art. 7. Les propriétaires des héritages aboutissants aux rivières navigables laisseront le long des bords vingt-quatre pieds au moins de place en largeur pour chemin royal et trait des chevaux, sans qu'ils puissent planter arbres ni tenir clôture ou haie plus près que trente pieds du côté que les bateaux se tirent, et dix pieds de l'autre bord, à peine de cinq cents livres d'amende, confiscation des arbres, et d'être, les contrevenants, contraints à réparer et remettre les chemins en état à leurs frais.

En conséquence, les agents spéciaux par lui institués à cet effet, ainsi que les gardes-champêtres, éclusiers des canaux et autres officiers de police judiciaire, sont tenus de constater les délits qui sont spécifiés au titre IV de la présente loi, en quelques lieux qu'ils soient commis; et lesdits agents spéciaux exerceront conjointement avec les officiers du ministère public, toutes les poursuites et actions en réparation de ces délits [1].

Les mêmes agents et gardes de l'Administration, les gardes-champêtres, les éclusiers, les officiers de police judiciaire, pourront constater également le délit spécifié en l'article 5, et ils transmettront leurs procès-verbaux au procureur du roi. F. 159; ch. 26.

Art. 37. Les gardes-pêche nommés par l'Administration, sont assimilés aux gardes-forestiers royaux. F. 160; O. 24 S.

Art. 38. Ils recherchent et constatent par procès verbaux, les délits dans l'arrondissement du tribunal près duquel ils sont assermentés. F. 160; P. F. 65.

Art. 39 (161 du *Code Forestier*). Ils sont auto-

[1] *Décret du 27 novembre 1859.* — Art. 1er. Dans la partie des fleuves, rivières et canaux comprise entre les limites de l'inscription maritime et le point où cesse la salure des eaux, les infractions à la loi du 15 avril 1829 sur la pêche fluviale, ou aux réglements rendus en exécution de cette loi, seront recherchées et constatées, concurremment avec les officiers de police judiciaire et autres agents institués à cet effet, par les syndics des gens de mer, gardes maritimes et gendarmes de la marine.

Ces agents transmettront leurs procès-verbaux au procureur impérial.

risés à saisir les filets et autres instruments de pêche prohibés, ainsi que le poisson pêché en délit.

ART. 40. Les gardes-pêche ne pourront, sous aucun prétexte, s'introduire dans les maisons et enclos y attenant, pour la recherche des filets prohibés.

ART. 41. Les filets et engins de pêche qui auront été saisis comme prohibés, ne pourront, dans aucun cas, être remis sous caution. Ils seront déposés au greffe, et y demeureront jusqu'après le jugement, pour être ensuite détruits.

Les filets non prohibés, dont la confiscation aurait été prononcée en exécution de l'article 5, seront vendus au profit du Trésor.

En cas de refus de la part des délinquants, de remettre immédiatement le filet déclaré prohibé, après la sommation du garde-pêche, ils seront condamnés à une amende de cinquante francs. Ch. 16.

ART. 42. Quant au poisson saisi pour cause de délit, il sera vendu sans délai dans la commune la plus voisine du lieu de la saisie, à son de trompe et aux enchères publiques, en vertu d'ordonnance du juge de paix ou de ses suppléants; si la vente a lieu dans un chef-lieu de canton, ou, dans le cas contraire, d'après l'autorisation du maire de la commune; ces ordonnances ou autorisations seront délivrées sur la requête des agents ou gardes qui auront opéré la saisie, et sur la présentation du procès-verbal régulièrement dressé et affirmé par eux. Ch. 4.

Dans tous les cas, la vente aura lieu en présence du receveur des domaines, et, à défaut, du maire, ou adjoint de la commune, ou du commissaire de police. F. 169.

Art. 43. Les gardes-pêche ont le droit de requérir directement la force publique, pour la répression des délits en matière de pêche, ainsi que pour la saisie des filets prohibés et du poisson pêché en délit. F. 164; P. F. 39.

Art. 44. (165 du *Code Forestier*). Ils écriront eux-mêmes leurs procès-verbaux; ils les signeront, et les affirmeront, au plus tard, le lendemain de la clotûre desdits procès-verbaux, par devant le juge de paix du canton ou l'un de ses suppléants; ou par devant le maire ou l'adjoint, soit de la commune de leur résidence, soit de celle où le délit a été commis ou constaté; le tout sous peine de nullité. Ch. 24.

Toutefois, si, par suite d'un empêchement quelconque, le procès-verbal est seulement signé par le garde-pêche, mais non écrit en entier de sa main, l'officier public qui en recevra l'affirmation devra lui en donner préalablement lecture, et faire ensuite mention de cette formalité; le tout sous peine de nullité du procès-verbal.

Art. 45 (*166 du Code forestier*). Les procès-verbaux dressés par les agents forestiers, les gardes généraux et les gardes à cheval, soit isolément, soit avec le concours des gardes-pêche royaux, et des gardes-champêtres, ne seront point soumis à l'affirmation.

Art. 46. Dans le cas où le procès-verbal portera saisie, il en sera fait une expédition qui sera déposée dans les vingt-quatre heures au greffe de la justice de paix, pour qu'il en puisse être donné communication à ceux qui réclameraient les objets saisis. F. 168.

Le délai ne courra que du moment de l'affirmation, pour les procès-verbaux qui sont soumis à cette formalité. P. F. 5, 28, 30, 31, 33, 39.

Art. 47 (*170 du Code forestier*). Les procès-verbaux seront, sous peine de nullité, enregistrés dans les quatre jours qui suivront celui de l'affirmation, ou celui de la clôture du procès-verbal, s'il n'est pas sujet à l'affirmation.

L'Enregistrement s'en fera un débet.

Art. 48. Toutes les poursuites exercées en réparation de délit pour fait de pêche, seront portées devant les tribunaux correctionnels. F. 171.

Art. 49. (*172 du Code forestier*). L'acte de citation, doit, à peine de nullité, contenir la copie du procès-verbal et de l'acte d'affirmation.

Art. 50 (*173 du Code forestier*). Les gardes de l'Administration, chargés de la surveillance de la pêche, pourront dans les actions et poursuites exercées en son nom, faire toutes citations et significations d'exploits, sans pouvoir procéder aux saisies-exécutions.

Leurs rétributions pour les actes de ce genre, seront taxées comme pour les actes faits par les huissiers des juges de paix.

Art. 51 (*174 du Code forestier*). Les agents de cette Administration ont le droit d'exposer l'affaire devant le tribunal, et sont entendus à l'appui de leurs conclusions.

Art. 52. Les délits en matière de pêche, seront prouvés, soit par procès-verbaux, soit par témoins à défaut de procès-verbaux, ou en cas d'insuffisance de ces actes. F. 175; ch. 21.

Art. 53. Les procès-verbaux revêtus de toutes les formalités prescrites par les articles 44 et 47 ci-dessus, et qui sont dressés et signés par deux agents ou gardes-pêche, font preuve, jusqu'à inscription de faux, des faits matériels relatifs aux délits qu'ils constatent, quelles que soient les condamnations auxquelles ces délits peuvent donner lieu.

Il ne sera, en conséquence, admis aucune preuve outre ou contre le contenu de ces procès-verbaux, à moins qu'il n'existe une cause légale de récusation contre l'un des signataires. P. F. 66; F. 176, 188; Ch. 22, S.

Art. 54. Les procès-verbaux, revêtus de toutes les formalités prescrites, mais qui ne seront dressés et signés que par un seul agent ou garde-pêche, feront de même preuve suffisante jusqu'à inscription de faux, mais seulement lorsque le délit n'entraînera pas une condamnation de plus de cinquante francs, tant pour amende que pour dommages-intérêts. F. 177.

Art. 55 (*178 du Code forestier*). Les procès-verbaux qui, d'après les dispositions qui précèdent, ne font point foi et preuve suffisante jusqu'à inscription de faux, peuvent être corroborés et combattus par toutes les preuves légales, conformément à l'article 154 du code d'instruction criminelle. P. F. 66; ch. 22, 23.

Art. 56. Le prévenu qui voudra s'inscrire en faux contre le procès-verbal sera tenu d'en faire par écrit et en personne, ou par un fondé de pouvoir spécial par acte notarié, la déclaration au greffe du tribunal, avant l'audience indiquée par la citation.

Cette déclaration sera reçue par le greffier du tribunal; elle sera signée par le prévenu ou son fondé de pouvoir; et dans le cas où il ne saurait ou ne pourrait signer, il en sera fait mention expresse.

Au jour indiqué pour l'audience, le tribunal donnera acte de la déclaration, et fixera un délai de huit jours au moins et de quinze jours au plus, pendant lequel le prévenu sera tenu de faire au greffe le dépôt des moyens de faux, et des noms, qualités et demeures des témoins qu'il voudra faire entendre.

A l'expiration de ce délai, et sans qu'il soit besoin d'une citation nouvelle, le tribunal admettra les moyens de faux, s'ils sont de nature à détruire l'effet du procès-verbal, et il sera procédé sur le faux conformément aux lois.

Dans le cas contraire, et faute par le prévenu d'avoir rempli toutes les formalités ci-dessus prescrites, le tribunal déclarera qu'il n'y a lieu à admettre les moyens de faux, et ordonnera qu'il soit passé outre au jugement. F. 179.

Art. 57. (*180 du Code forestier*). Le prévenu contre lequel aura été rendu un jugement par défaut sera encore admissible à faire sa déclaration d'inscription de faux, pendant le délai qui lui est accordé par la loi, pour se présenter à l'audience sur l'opposition par lui formée.

Art. 58. (*181 du Code forestier*). Lorsqu'un procès-verbal sera rédigé contre plusieurs prévenus, et qu'un ou quelques uns d'entre eux seulement s'inscriront en faux, le procès-verbal continuera de faire foi à l'égard des autres, à moins que le fait sur lequel portera l'inscription de faux ne soit indivisible et commun aux autres prévenus.

Art. 59. Si, dans une instance en réparation de délits, le prévenu excipe d'un droit de propriété ou tout autre droit réel, le tribunal saisi de la plainte statuera sur l'incident.

L'exception préjudicielle ne sera admise qu'autant qu'elle sera fondée, soit sur un titre apparent, soit sur des faits de possession équivalents, articulés avec précision, et si le titre produit ou les faits articulés sont de nature, dans le cas où ils seraient reconnus par l'autorité compétente, à ôter au fait qui sert de base aux poursuites tout caractère de délit.

Dans le cas de renvoi à fins civiles, le jugement fixera un bref délai dans lequel la partie qui aura élevé la question préjudicielle, devra saisir les juges compétents de la connaissance du litige, et justifier de ses diligences; sinon il sera passé outre. Toutefois, en cas de condamnation, il sera sursis à l'exécution du jugement sous le rapport de l'emprisonnement, s'il était prononcé, et le montant des amendes, restitutions et dommages-intérêts, sera versé à la caisse des dépôts et consignations, pour être remis à qui il sera ordonné par le tribunal qui statuera sur le fond du droit. F. 182.

ART. 60. *(183 du Code forestier.)* Les agents de l'administration chargés de la surveillance de la pêche peuvent, en son nom, interjeter appel des jugements et se pourvoir contre les arrêts et jugements en dernier ressort; mais ils ne peuvent se désister de leurs appels sans son autorisation spéciale.

ART. 61. *(184 du Code forestier.)* Le droit attribué à l'administration et à ses agents de se pourvoir contre les jugements et arrêts par appel ou par recours en cassation, est indépendant de la même faculté qui est accordée par la loi au ministère public, lequel peut toujours en user, même lorsque l'administration ou ses agents auraient acquiescé aux jugements et arrêts.

ART. 62. Les actions en réparation de délits en matière de pêche se prescrivent par un mois à compter du jour où les délits ont été constatés, lorsque les prévenus sont désignés dans les procès-verbaux. Dans le cas contraire, le délai de prescription est de trois mois, à compter du même jour. F. 185; ch. 29.

Art. 63. Les dispositions de l'article précédent ne sont pas applicables aux délits et malversations commis par les agents, préposés ou gardes de l'administration dans l'exercice de leurs fonctions; les délais de prescription à l'égard de ces préposés et de leurs complices seront les mêmes que ceux qui sont déterminés par le Code d'instruction criminelle. F. 186.

Art. 64. Les dispositions du Code d'instruction criminelle sur les poursuites des délits, sur défauts, oppositions, jugements, appels et recours en cassation, sont, et demeurent applicables à la poursuite des délits spécifiés par la présente loi, sauf les modifications qui résultent du présent titre. F. 187, I. Cr. 130, 137, 146, 150, 153, 172, 179, 184, 186, 190, 199, 216, 413.

SECTION II

Des poursuites exercées au nom et dans l'intérêt des fermiers de la pêche et des particuliers.

Art. 65. Les délits qui portent préjudice aux fermiers de la pêche, aux porteurs de licences et aux propriétaires riverains, seront constatés par leurs gardes, lesquels sont assimilés aux gardes-bois des particuliers. P. F. 38; F. 188.

Art. 66. (*188 du Code forestier.*) Les procès-verbaux dressés par ces gardes feront foi jusqu'à preuve contraire. P. F. 53 s; F. 188; ch. 22.

Art. 67. Les poursuites et actions seront exercées au nom et à la diligence des parties intéressées. F. 190; ch. 26; I. cr. 182.

Art. 68. Les dispositions contenues aux articles 38, 39, 40, 41, 42, 43, 44, 45, 46, 47, § 1er. 49, 52, 59, 62 et 64 de la présente loi, sont applicables aux poursuites exercées au nom et dans l'intérêt des particuliers et des fermiers de la pêche, pour les délits commis à leur préjudice. F. 189.

TITRE VI

DES PEINES ET CONDAMNATIONS.

Art. 69. Dans le cas de récidive, la peine sera toujours doublée. p. F. 5, 24, 25, 27 à 34, 79 paragraphe 4.

Il y a récidive, lorsque, dans les douze mois précédents, il a été rendu contre le délinquant un premier jugement pour délit en matière de pêche. F. 201; ch. 14, 15.

Art. 70. Les peines seront également doublées, lorsque les délits auront été commis la nuit. F. 201; ch. 12 § 2.

Art. 71. (*202 du Code forestier.*) Dans tous les cas où il y aura lieu à adjuger des dommages-intérêts, ils ne pourront être inférieurs à l'amende simple prononcée par le jugement.

Art. 72. Dans tous les cas prévus par la présente

loi, si le préjudice causé n'excède pas vingt-cinq francs, et si les circonstances paraissent atténuantes, les tribunaux sont autorisés à réduire l'emprisonnement même au-dessous de six jours, et l'amende même au-dessous de seize francs : ils pourront aussi prononcer séparément l'une ou l'autre de ces peines, sans qu'en aucun cas, elle puisse être au-dessous des peines de simple police. F. 203; ch. 20 : C. P. 463.

Art. 73. (*204 du Code forestier.*) Les restitutions et dommages-intérêts appartiennent aux fermiers, porteurs de licences et propriétaires riverains, si le délit est commis à leur préjudice; mais, lorsque le délit a été commis par eux-mêmes au détriment de l'intérêt général, ces dommages-intérêts appartiennent à l'État.

Appartiennent également à l'État toutes les amendes et confiscations. Ch. 19.

Art. 74. Les maris, frères, mères, tuteurs, fermiers et porteurs de licences, ainsi que tous propriétaires, maîtres et commettants, seront civilement responsables des délits en matière de pêche commis par leurs femmes, enfants mineurs, pupilles, bateliers et compagnons, et tous autres subordonnés, sauf tout recours de droit.

Cette responsabilité sera réglée conformément à l'article 1384 du Code civil [1]. F. 206 ; ch. 28.

[1] Code Napoléon. — Art. 1384. — On est responsable non-seulement du dommage que l'on cause par son propre fait, mais encore

TITRE VII

DE L'EXÉCUTION DES JUGEMENTS

SECTION 1re.

De l'exécution des jugements rendus à la requête de l'administration ou du ministère public.

Art. 75. (*209 du Code forestier*). Les jugements rendus à la requête de l'administration chargée de la police de la pêche, ou sur la poursuite du ministère public, seront signifiés par simple extrait qui contiendra le nom des parties et le dispositif du jugement.

Cette signification fera courir les délais de l'opposition et de l'appel des jugements par défaut.

Art. 76. Le recouvrement de toutes les amendes, pour délits de pêche, est confié aux receveurs de l'enregistrement et des domaines.

Ces receveurs sont également chargés du recouvrement des restitutions, frais et dommages-intérêts ré-

de celui qui est causé par le fait des personnes dont on doit répondre, ou des choses que l'on a sous sa garde.

Le père, et la mère après le décès du mari, sont responsables du dommage causé par leurs enfants mineurs habitant avec eux;

Les maîtres et commettants, du dommage causé par leurs domestiques et préposés dans les fonctions auxquelles ils les ont employés;

Les instituteurs et les artisans, du dommage causé par leurs élèves et apprentis pendant le temps qu'ils sont sous leur surveillance.

La responsabilité ci-dessus a lieu, à moins que les père et mère, instituteurs et artisans, ne prouvent qu'ils n'ont pu empêcher le fait qui donne lieu à cette responsabilité.

sultant des jugements rendus en matière de pêche F. 210 ; P. F. 81.

Art. 77. (*211 du Code forestier*). Les jugements portant condamnation à des amendes, restitutions, dommages-intérêts et frais, sont exécutoires par la voie de la contrainte par corps ; et l'exécution pourra en être poursuivie cinq jours après un simple commandement fait aux condamnés.

En conséquence, et sur la demande du receveur de l'enregistrement et des domaines, le procureur du roi adressera les réquisitions nécessaires aux agents de la force publique chargés de l'exécution des mandements de justice.

Art. 78. (*212 du Code forestier.*) Les individus contre lesquels la contrainte par corps aura été prononcée pour raison des amendes et autres condamnations et réparations pécuniaires, subiront l'effet de cette contrainte jusqu'à ce qu'ils aient payé le montant desdites condamnations, ou fourni une caution admise par le receveur des domaines, ou, en cas de contestation de sa part, déclarée bonne et valable par le tribunal de l'arrondissement.

Art. 79. (*213 du Code forestier.*) Néanmoins, les condamnés qui justifieront de leur insolvabilité, suivant le mode prescrit par l'article 420 du Code d'instruction criminelle, seront mis en liberté après avoir subi quinze jours de détention, lorsque l'amende et les autres condamnations pécuniaires, n'excéderont pas quinze francs.

La détention ne cessera qu'au bout d'un mois, lorsque les condamnations s'élèveront ensemble de quinze à cinquante francs.

Elle ne durera que deux mois, quelle que soit la quotité desdites condamnations.

En cas de récidive, la durée de la détention sera double de ce qu'elle eût été sans cette circonstance.

ART. 80. (*214 du Code forestier*). Dans tous les cas, la détention employée comme moyen de contrainte est indépendante de la peine d'emprisonnement prononcée contre les condamnés, pour tous les cas où la loi l'inflige.

SECTION II

De l'exécution des jugements rendus dans l'intérêt des fermiers de la pêche et des particuliers.

ART. 81. Les jugements contenant des condamnations en faveur des fermiers de la pêche, des porteurs de licences et des particuliers, pour réparation des délits commis à leur préjudice, seront, à leur diligence, signifiés et exécutés suivant les mêmes formes et voies de contrainte que les jugements rendus à la requête de l'administration chargée de la surveillance de la pêche.

Le recouvrement des amendes prononcées par les mêmes jugements, sera opéré par les receveurs de l'enregistrement et des domaines. P. F. 76 ; F. 215.

ART. 82. La mise en liberté des condamnés détenus par voie de contrainte par corps, à la requête et dans l'intérêt des particuliers, ne pourra être accordée, en vertu des articles 78 et 79, qu'autant que la validité des cautions ou la solvabilité des condamnés aura été, en cas de contestation de la part desdits propriétaires, jugée contradictoirement entre eux. F. 217.

TITRE VIII

DISPOSITIONS GÉNÉRALES.

ART. 83. Sont et demeurent abrogés toutes lois, ordonnances, édits et déclarations, arrêts du conseil, arrêtés et décrets, et tous réglements intervenus, à quelque époque que ce soit, sur les matières réglées par la présente loi, en tout ce qui concerne la pêche.

Mais les droits acquis antérieurement à la présente loi seront jugés, en cas de contestations, d'après les lois existantes avant sa promulgation. P. F. 2. 4.

DISPOSITIONS TRANSITOIRES.

ART. 84. Les prohibitions portées par les articles 6, 8 et 10, et la prohibition de pêcher à autres heures que depuis le lever du soleil jusqu'à son coucher, portée par l'article 5 du titre XXXI de l'ordonnance de 1669, continueront à être exécutées jusqu'à la promulgation des ordonnances royales qui, aux termes de l'article 26 de la présente loi, détermineront les temps où la pêche sera interdite dans tous les cours d'eau, ainsi que les filets et instruments de pêche dont l'usage sera prohibé.

Toutefois, les contraventions aux articles ci-dessus énoncés de l'ordonnance de 1669, seront punis conformément aux dispositions de la présente loi, ainsi que tous les délits qui y sont prévus, à dater de sa publication.

FIN DU CODE DE LA PÊCHE FLUVIALE.

POLICE DE LA PÊCHE

DANS LE DÉPARTEMENT D'EURE-ET-LOIR

---

§ 1er. — *Temps et heures où la pêche est interdite.*

ART. 1er La pêche est interdite :

1° Pendant le temps du frai, même à la ligne flottante, dans les rivières, canaux, ruisseaux et cours d'eau quelconques, du 15 mars au 15 juin ;

2° Pendant le temps du frai des Saumons et des Truites, du 20 octobre au 31 janvier, même à la ligne flottante, dans les rivières, canaux, ruisseaux et cours d'eau quelconques, où se pêchent ces espèces de poissons ;

3° En tout temps, depuis le coucher jusqu'au lever du soleil ;

4° En tout temps aux vannes de décharge, au moyen de filets dits *brayes* (sacs de corde), ou autres filets de même nature;

5° En tout temps, lorsque les eaux sont basses, soit pour l'exécution des curages, soit pour toute autre cause;

Toutefois des autorisations exceptionnelles de pêcher pendant le temps du frai pourront être accordées par le préfet, pour faciliter des expériences de pisciculture.

Art. 2. La pêche des Écrevisses est interdite du 15 mars au 15 juin.

§ 2. — *Procédés et modes de pêche prohibés.*

Art. 3. Sont prohibés tous engins ou modes de pêche autres que les lignes, filets (à l'exception de ceux indiqués au n° 4 de l'article 1er) et nasses; en conséquence, il est défendu de prendre le poisson;

1° En l'enivrant avec des drogues ou appâts;

2° En l'attaquant avec des armes à feu, des instruments piquants, tranchants, contondants, ou avec des collets.

Art. 4. Tout barrage, appareil ou établissement quelconque de pêcherie ayant pour but d'intercepter entièrement la libre circulation du poisson, dans un cours d'eau, pour le forcer à passer par une issue garnie de piége, est interdit.

Art. 5. Les propriétaires en possession, en vertu d'anciens titres administratifs, de pêcheries établies aux vannes de décharge, portes à bateaux ou déversoirs, sont maintenus dans leurs droits, à la condition de les faire reconnaître ; ils ne pourront y faire aucun changement sans notre autorisation.

§ 3. — *Dimensions des filets et engins dont l'usage est permis.*

Art. 6. Sauf ce qui est dit au nº 4 de l'article 1er il ne sera permis d'employer, pour la pêche, que des filets dont les mailles auront trente millimètres en carré, et toutes espèces de nasses ou engins analogues dont les verges seraient écartées de trente millimètres.

Art. 7. Sont néanmoins autorisés pour la pêche des Goujons, Loches, Vairons, Dards ou Vandoises et autres poissons de petite espèce, des filets dont les mailles auront quinze millimètres de largeur, et les nasses d'osier ou autres engins dont les baguettes ou verges seront écartées de quinze millimètres.

Les mailles ou l'écartement des baguettes pourront être seulement de huit millimètres pour la pêche des Ablettes.

§ 4. — *Dimensions des poissons dont la pêche est permise.*

Art. 8. Ne pourront être pêchés, devront être rejetés en rivière et ne pourront être colportés ou débités : les Saumons, Truites, Barbeaux, Brêmes et Meuniers qui n'auront pas 162 millimètres, et les Tanches, Perches et Gardons qui n'auront pas 135 millimètres entre l'œil et la naissance de la nageoire postérieure, et enfin les Anguilles qui n'auront pas, dans le milieu du corps, 55 millimètres de circonférence.

Art. 9. Les poissons dénommés en l'article précédent ne pourront être employés pour appâter les hameçons s'ils n'ont pas les dimensions prescrites.

§ 5. — *Mesures de police.*

Art. 10. Pour prévenir la destruction des œufs de poissons, pendant le temps où la pêche est interdite, il est défendu sous les peines de simple police de laisser circuler ou errer des cygnes, des oies et des canards dans les rivières, canaux, ruisseaux ou cours d'eau quelconques.

Art. 11. Seront considérés comme étant en contravention :

1° Ceux qui seront trouvés porteurs ou munis, hors de leur domicile, d'engins ou instruments de pêche prohibés ;

2° Ceux qui, pendant le temps du frai, seront trouvés porteurs ou munis, hors de leur domicile, d'engins ou instruments quelconques de pêche, à moins que ces engins ou instruments ne soient destinés à la pêche des étangs ou réservoirs.

Art. 12. Les maires et adjoints, accompagnés du garde-rivière ou des gardes-champêtres, feront, principalement pendant le temps du frai et à des jours inattendus, des perquisitions dans les réservoirs, étuis à poissons et autres établissements servant à la pêche, en contact avec la rivière ou le cours d'eau.

Ils ne pouront s'introduire dans les propriétés closes, qu'en cas de flagrant délit par eux découvert ou à eux dénoncé.

Art. 13. Les ingénieurs, conducteurs et agents des ponts-et-chaussées, les maires et adjoints, les commissaires et agents de police, les gardes-rivière, les gardes-pêche, les gardes-champêtres et tous autres officiers de police judiciaire, dresseront procès-verbal des contraventions qu'ils auront constatées et les adresseront immédiatement au procureur impérial de l'arrondissement.

Art. 14. Les gendarmes dans leurs tournées dénonceront aux officiers de police judiciaire les contraventions qu'ils auront constatées, et en adresseront leurs rapports à ces magistrats qui pourront les faire citer comme témoins.

Art. 15. Les réglements de nos prédécesseurs, en dates des 2 octobre 1809, 19 novembre 1810 et 20 août 1840, sont rapportés.

Art. 16. Le présent arrêté sera imprimé, publié et affiché dans chaque commune, à la diligence du maire.

Il en sera adressé des exemplaires à MM. les procureurs impériaux près les tribunaux de première instance, à MM. les juges de paix, à M. le commandant de gendarmerie du département, et à MM. les ingénieurs, conducteurs et agents des ponts-et-chaussées.

Fait à Chartres, le 20 octobre 1863.

Le Préfet d'Eure-et-Loir,

Cte DE CHARNAILLES.

FIN

TABLE DES GRAVURES

FIN DE LA TABLE DES GRAVURES.

TABLE DES CHAPITRES

TROISIÈME PARTIE. — Culture des Mollusques marins.

QUATRIÈME PARTIE.

FIN DE LA TABLE DES CHAPITRES.

TABLE ANALYTIQUE

R

S

FIN DE LA TABLE ANALYTIQUE.

MONTEREAU. — IMPRIMERIE DE L. ZANOTE.

EXTRAIT DU CATALOGUE [illegible]

AGRICULTURE (Cours d'), par *de Gasparin* [illegible]

BON FERMIER (Le), par *Barral*, 1 vol. in-12 [illegible]

BON JARDINIER (Le), almanach horticole [illegible] *Naudin, Neumann, Pépin*. 1 vol. in-12 de [illegible]

BOTANIQUE POPULAIRE, par *H. Lecoq*. 1 vol. [illegible]

CHEVAUX (Manuel de l'éleveur de), par *Villeroy*. 3 vol. in-8 [illegible]

DRAINAGE DES TERRES ARABLES, par *Barral*. 2 vol. [illegible]

FLORE DES JARDINS ET DES CHAMPS, par *Lemaout* et [illegible]

JOURNAL D'AGRICULTURE PRATIQUE, sous la direction de [illegible] vraison de 64 pages in-4, paraissant les 5 et 20 du mois, avec [illegible] vures noires et une gravure coloriée par numéro. — Un an [illegible]

LAITERIE, BEURRE ET FROMAGES, par *Villeroy*. 1 vol. in-18 [illegible] 54 gravures.

MAISON RUSTIQUE DU 19e SIÈCLE, 5 vol. in-4 et 2,500 gravures.

POULAILLER (Le), par *Charles Jacque*. 1 vol. in-12 et 120 gravures [illegible]

REVUE HORTICOLE, publiée sous la direction de M. *Barral*. — Un n° de 24 pages in-4, les 1er et 16 du mois, et 24 gravures coloriées. — Un an [illegible]

VIGNE ET VINIFICATION, par *J. Guyot*, [illegible] 132 pages in-12 et [illegible] gravures.

BIBLIOTHÈQUE DU CULTIVATEUR, publiée avec le concours du Ministre de [illegible]

EN VENTE : 27 VOLUMES IN-12, à 1 fr. 25 LE VOLUME [illegible]

AGRICULTURE COMMENÇANT, par *Schwerz*, traduit par *Villeroy*. 1 vol. de [illegible]

TRAVAUX DES CHAMPS, par *Borie*. 230 pages et 130 gravures.

CULTURE GÉNÉRALE et instruments aratoires, par *Lefour*. 1 vol. in-18 de [illegible]

FERMAGE (estimation, plans d'améliorations, bail), par *Gasparin*, 3e édition [illegible]

SOL ET ENGRAIS, par *Lefour*. 170 pages et [illegible] gravures.

MÉTAYAGE (contrats, effets, améliorations), par *Gasparin*, 3e édition, 166 pages.

ENGRAIS ET AMENDEMENTS, par *Fouquet*, 2e édition, [illegible] pages.

FUMIERS DE FERME ET COMPOSTS, par *Fouquet*, 2e édit., [illegible] pages et [illegible] gravures.

NOIR ANIMAL, par *Bobierre*, 150 pages et 4 gravures.

PLANTES RACINES, par *Ledocte*, 1 vol. de 280 pages et 24 gravures.

CHOUX, CULTURE ET EMPLOI, par *Joigneaux*. 1 vol. de 180 pages et 7 gravures.

PRAIRIES, par *De Moor*, 212 pages et 73 gravures.

HOUBLON, par *Erath*, traduit de [illegible] 22 gravures.

ANIMAUX DOMESTIQUES, par *Lefour*. 1 vol. in-18 de [illegible] pages et 57 gravures.

CHEVAL, ÂNE ET MULET, par *Lefour*. 1 vol. de 162 pages et [illegible] gravures.

CHEVAL (Achat du), par *Gayot*, 1 vol. [illegible]

CHOIX DES VACHES LAITIÈRES, par [illegible] p. [illegible] gravures.

RACES BOVINES, par le marquis de *Dampierre*, 2e édition, [illegible] gravures.

BÊTES À CORNES, par *Villeroy*, 4e édition, 300 pages et 80 gravures.

ENGRAISSEMENT DU BŒUF, par [illegible] 1 vol. in-18 de 180 pages.

BASSE-COUR. — PIGEONS. — LAPINS, par Mme *Millet-Robinet*, 4e éd., 180 p., [illegible]

POULES ET ŒUFS, par *E. Gayot*. 1 vol. in-18 de 216 pages et 35 gravures.

MÉDECINE VÉTÉRINAIRE (Notions usuelles de), par *Sanson*. 1 vol. [illegible]

ÉCONOMIE DOMESTIQUE, par Mme *Millet-Robinet*, 2e édition, 324 pages [illegible]

[illegible] (Manuel de l'Estimateur de), par *Noirot*, 360 pages [illegible]

[illegible] ET MÉCANIQUES AGRICOLES, par *Lefour*, [illegible] pages [illegible]

[illegible] AGRICOLES [illegible] 204 pages [illegible]

CHACUN DE CES VOLUMES EST VENDU SÉPARÉMENT [illegible]

BIBLIOTHÈQUE DU JARDINIER, publiée avec le concours du Ministre de [illegible]

EN VENTE : [illegible] VOLUMES IN-12 À 1 FR. 25 LE VOLUME [illegible]

[illegible] par *Pétré*, [illegible] 220 pages.

[illegible] 13 pages et [illegible] gravures.

[illegible] 190 pages et 12 grands tableaux.

[illegible] gravures.

[illegible] (culture naturelle et artificielle) [illegible] 108 pages et [illegible]

[illegible] (culture sous châssis [illegible] sur couches), par *Lebœuf*, 3e éd., [illegible]

DAHLIA [illegible] 148 pages.

PÉLARGONIUM, par [illegible]

PLANTES DE TERRE FROIDE, par [illegible] gravures.

[illegible] — VIOLETTE. — PENSÉE. — [illegible]

— PRIMULA. — [illegible] Espèces. Culture [illegible] par [illegible] 101 p.

[illegible], par *Dehérain*, 130 pages et 13 gravures.

CHACUN DE CES VOLUMES EST VENDU SÉPARÉMENT [illegible]

Montereau. — Imprimerie [illegible]

www.ingramcontent.com/pod-product-compliance
Ingram Content Group UK Ltd.
Pitfield, Milton Keynes, MK11 3LW, UK
UKHW020426200726
13857UKWH00002B/310